# 패턴 제작의 원리

전은경 · 권숙희 지음

教文社

# 머리말

몸에 걸친다고 다 똑같은 옷이 아닙니다. 청바지 하나를 보더라도 입어서 불편하고 왠지 뚱뚱해 보이는 것이 있는 반면, 어떤 바지는 활동이 편할 뿐 아니라 다리가 길어 보이기도 합니다. 이러한 차이에는 소재, 패턴, 구성 등 여러 가지 요인이 복합적으로 작용합니다. 의복은 이제 최소한의 물리적, 심리적 요구를 채워주는 도구가 아닙니다. 개인의 신체적 활동과 기능, 사회적 인정을 극대화시킬 수 있는 가장 구체적인 환경입니다. 이런 요구에 부합되는 의복을 만들기 위해서는 많은 지식과 경험, 끊임없는 연구가 요구됩니다.

이 책의 내용은 패턴의 과학화를 목적으로 구성되어 있습니다. 첫째, 패턴을 인체의 구조 및 의복과의 관계에서 이해하고 분석하는 방법을 제시하였습니다. 둘째, 다양한 패턴제작기법보다는 패턴의 도학적인 원리를 설명함으로써 의복설계 요인을 이해하고 보다 나은 의복을 제작하기 위해 각자가 응용할 수 있도록 하였습니다. 셋째, 제도와 함께 제도방법을 설명하여 책의 내용만으로 혼자 제도할 수 있도록 하였습니다. 쉽고 간결하게 쓰고자 최선을 다했으나 아직 부족한 점이 많습니다. 많은 충고와 조언 받으면서 더욱 충실한 내용이 되도록 노력하겠습니다.

책이 출판되기까지 수고해 주신 교문사의 류제동 사장님, 양계성 부장님, 이정호 과장님과 편집부 여러분, 김재원 부장님께, 책을 위해 알찬 자료를 제공해 주신 기화 하이텍의 신용환 사장님, 유진영 과장님께 감사드립니다. 책 속의 예쁜 그림과 정확한 제도를 위해 자기 일처럼 애써준 제자 신은희, 허윤실, 김옥순, 류명향에게 고마움을 전합니다. 늘 힘이 되어주시는 주님, 저희가 주를 사랑합니다.

2000년 10월

저　자

## 제4장 제도의 시작

# 2부   패턴 디자인

## 제1장 바디스 디자인(Bodice Design)

## 제2장 스커트 디자인(Skirt Design)

## 제3장 소매 디자인(Sleeve Design)

차 례

## 제4장 칼라와 목 디자인(Collar and Neck Design)

## 제5장 팬츠 디자인(Pants Design)

## 제6장 톨소 디자인(Torso Design)

# 3부 패턴의 마무리

## 제1장 패턴의 완성

## 제2장 재단을 위한 준비(Preparation for Cutting)

# 1부

## 패턴의 이해와 시작

강의를 하면서 의복의 제작과정
중 특히 패턴에 관련된 부분을 무척 어렵게
생각하는 학생들을 종종 대한다. 간혹 제도 원리를
무시하고 의복을 제작하려고 하는 학생들도 있다. 이는 패턴이
어렵고 복잡하며 그다지 중요하지 않다는 생각에서 출발한다.
사실 패턴 제작법은 쉽지는 않다. 단순히 예술적 감각과 창의적
생각만으로 가능한 것이 아니며 인체의 이해 및 소재, 봉제과학에
대한 과학적 접근이 필요하다. 그러나 한번 제대로 익히면 평생
잊어버리지 않는 운전 경험처럼 기본 원리만 잘 다지면 얼마든지
여러 가지 디자인에 활용할 수 있다. 초기에 생소한 용어와
인체와 관련된 수학적, 과학적 개념이 어렵겠지만
잘 이해하여 패턴에 흥미를
느끼기를 바란다.

# 제1장
## 의복과 패턴

패턴이란 무엇인가? 우리가 사는 집과 비교해 보자. 의복의 패턴은 건물의 설계도면이며, 의복의 구성은 건물의 건설공사이다. 설계 자체가 잘못된 집은 온전한 형태를 가질 수 없으며 전기, 배관 등 기초공사가 바르지 못한 집은 아무리 겉모양이 번지르르해도 결코 아늑하고 편리한 보금자리가 되지 못한다.

옷도 마찬가지이다. 몸에 어울리고 인체에 편안하며 동작하기 쉬우려면 소재의 선정과 의복설계 자체에서 제대로 되어야 한다. 이러한 기초공사가 패턴 제작이다. 즉 패턴은 미적, 기능적, 생리적으로 보다 만족스러운 옷을 제작하기 위해 약속된 기호로 제도한 설계도면이다.

좋은 패턴을 제작하기 위해서는 인체의 구조 및 활동에 따른 인체의 변화를 이해해야 함은 물론이며 소재 및 재단, 봉제 방법 등에 따른 상호 관계를 이해하고 특히 오늘날과 같은 산업 사회에서는 경제성 역시 고려된 종합적인 분석에서 가능하다.

그 중 평면 패턴(flat pattern)은 대량생산 및 호수별 사이즈 증감에 가장 효율적인 제작 방법이다. 이 책에서는 인체의 구조를 이해하고 평면 패턴을 제작하는 원리 및 방법을 터득하기 위한 목적으로 설명되었다.

## 1. 패턴의 종류

입체 구조의 인체를 의복이 어떤 모양으로 피복(cover)하는가에 따라 **평면 구성형 의복**과 **입체 구성형 의복**이 있다.

한복, 기모노, 판초, 인도의 사리 등 많은 전통 의복이 평면 구성형 의복에 속하며 대부분의 서양복은 입체 구성형 의복에 속한다. 쉽게 이해하면 평면 구성형 의복들은 입체감이 거의 없이 제작되어, 잘 접은 다음 서랍이나 장에 차곡차곡 개어 보관할 수 있으나 입체 구성형 의복은 벗은 후에도 입체감을 유지하고 있어 구김이 가지 않으려면 옷걸이에 걸어 보관하여야 한다.

대부분의 평면 구성형 의복은 제작 방법이 간단하여 많은 지식이 필요치 않지만 입체 구성형 의복인 서양복은 제작 방법이나 과정, 대상, 부위에 따라 매우 다양한 명칭으로 분류된다. 다음은 서양복의 패턴, 또는 제도 방법에 대한 명칭들이다.

## 1) 패턴 제작 방법에 따른 분류

패턴을 제작하는 방법에 따라 평면 재단법과 입체 재단법이 있다.

**입체 재단(draping)** : 인체 또는 인체 모양의 드레스 폼(dress form)에 직접 옷감을 걸쳐 가며 핀으로 고정한 다음 완성선을 표시하고, 인대에서 떼어 완성선대로 재단한다. 이 때 재단된 천이 패턴(draping pattern)이 된다.

**평면 재단(drafting)** : 기본 원형을 제도한 후 이를 활용하여 원하는 디자인을 제도해서 평면의 패턴(flat pattern)을 만들고, 옷감 위에 패턴을 배치하여 재단한 것을 봉제함으로써 입체화시키는 방법이다. 이 책에서는 평면 재단을 이용하여 패턴을 제작하는 방법에 관하여 설명하였다.

## 2) 측정항목의 수에 따른 분류

평면 재단 패턴에 어느 만큼의 실측치(실제로 인체로부터 계측한 치수)가 사용되는가에 따라 패턴을 구분한다.

**단촌식 패턴** : 패턴 제도에 사용되는 인체의 여러 부위를 세밀하게 측정하여 제도하는 방법으로 각자의 체형 특징에 맞는 원형을 얻을 수 있으나 제도 방법이 복잡하다. 측정 오차로 인해 오히려 정확하지 못한 패턴을 제도할 가능성도 있어 인체 측정 기술이 숙련되지 않은 초보자에게는 부적절한 제도방법이다.

**장촌식 패턴** : 인체의 부위 중 몇 개만을 계측하고 제도에 필요한 다른 부위는 기준 치수로부터 추정해 내는 방법으로, 가장 대표가 되는 부위만 재기 때문에 측정에 따른 오차가 적어, 초보자도 비교적 정확하며 균형 있는 원형을 쉽게 제도할 수 있다. 이 패턴 제작을 위해서는 대규모의 계측과 통계분석을 통해 기타 부위의 추정식이 정확히 산출되어야 하며 개개인의 체형 특징에 맞추기 위한 보정 과정을 반드시 거쳐야 한다.

**병용식 패턴** : 위의 두 패턴 제작 방법의 문제점을 보완한 제도 패턴으로 장촌식 패턴에 개인의 차이가 많은 부위, 즉 어깨너비, 유두 간격, 앞품, 뒤품 등 몇 개 부위의 측정 치수를 더하여 제도한 패턴이다. 제도 방법이 쉬우면서도 개인의

특징을 반영한 패턴을 제작할 수 있다.

### 3) 패턴의 완성도 및 용도에 따른 분류

패턴 제작의 완성도에 따라 여러 가지 명칭이 있다.

**원형(Basic pattern, Basic Sloper)** : 여러 가지 디자인에 쉽게 응용할 수 있도록 제작된 가장 기본적인 패턴으로, 장식이 없고 단순하며 인체치수에 생리현상과 기본 동작에 필요한 기초 여유분만을 포함하고 있다. 여성복의 원형은 길과 스커트의 앞, 뒤, 소매의 5개의 피스(piece)로 구성된다.

**1차 패턴(first pattern)** : 응용 및 전개를 위해 제작된 기초 패턴으로 시접이 없고 여러 표시를 생략한 패턴이다. 주로 원형을 1차 패턴으로 사용하나 디자인에 따라 다른 패턴을 사용하기도 한다.

**최종 패턴, 완성 패턴(final pattern, master pattern)** : 디자인에 따라 패턴을 변형한 후 제작에 필요한 모든 표식을 하여 완성시킨 패턴이다.

**산업용, 공업용 패턴(industrial pattern)** : 대량 생산을 위해 제작된 패턴으로 일반적인 패턴은 좌, 우 한쪽만 제도하나 대부분의 산업용 패턴은 좌우 펼친 상태로 제도하며 겉감뿐 아니라 안감, 심지, 안단 등의 패턴도 함께 제작한다. 패턴 배치(marking), 재단, 봉제 등 작업을 잘 수행할 수 있도록 공정에 필요한 여러 가지 표식들이 정해져 있으며 규칙에 따라 정확한 표식을 하여야 한다.

### 4) 패턴의 여유량에 따른 분류

패턴이 몸에 꼭 맞게 설계되었는지, 혹은 충분한 여유를 가지도록 설계되었는지에 따라 패턴의 모양이 다르며 가슴둘레, 허리둘레 등 품의 여유를 가지고 구분한다.

호흡 및 활동에 필요한 최소한의 여유만을 가진 **피티드 패턴(fitted pattern)**에서 인체에 붙지 않고 넉넉한 여유를 두어 제도하는 **루즈 피티드 패턴(loose fitted pattern)**이 있으며 **세미 피티드 패턴(semi-fitted pattern)**은 이 두 패턴의 중간 정도의 여유분을 갖는다.

### 5) 착용 대상에 따른 분류

옷을 입는 사람의 체형은 패턴 제작시 고려되는 중요한 요인의 하나로 어떤 대상을 위하여 만들어진 패턴인가에 따라 구분하기도 한다. **성별**에 따라 **남성 패턴, 여성 패턴**으로, **연령**에 따라 **유아 패턴, 아동 패턴, 청소년 패턴, 성인 패턴,**

노인 패턴 등으로 구분한다. 임부용 패턴, 하반신 마비자용 패턴 등 **특수 대상을 위한 패턴**도 있을 수 있다.

의류학에서의 대상의 분류는 인류학, 교육학 등 다른 영역에서 사람을 구분하는 것과는 차이가 있다. 의복 제작 영역에서는 패턴을 달리해야 할 체형의 차이가 있는 대상으로 구분한다.

### 6) 피복 부위에 따른 분류

원형이 인체의 어느 부위를 주로 피복(cover)하기 위해 제작되었는가에 따라 구분하기도 하는데, 목에서 허리까지 상반신에 걸치는 의복 패턴을 **바디스 패턴**, 팔을 피복하는 패턴을 **소매 패턴**, 목에서 칼라의 모양을 만들어내는 패턴을 **칼라 패턴**이라 하며 하반신을 피복하는 패턴에는 **스커트 패턴**과 **바지 패턴**이 있다.

### 7) 의복의 종류에 따른 분류

의복의 종류에 따라 패턴의 제도법이 다르며 블라우스, 재킷, 코트, 스커트, 팬츠, 원피스 드레스 등의 패턴이 있다.

## 2. 의복의 제작과정

의복의 제작공정은 크게 **개별제작과정**과 **대량생산공정**으로 분류되며 제작 과정에 많은 차이가 있다. 의복의 개별제작은 가정에서 자신, 또는 가족을 위해 제작하는 방법(home made)과 개별적으로 주문을 받아 제작하는 주문 제작(맞춤복, order made)으로 나뉘어진다.

자신이나 가족의 옷을 만드는 방법은 단순하여 배우기 쉽다. 그러나 우리가 패턴을 배우는 목적은 의류산업에서의 전문적인 지식을 습득하기 위한 것이므로 의류제품의 대량 생산 공정을 이해하고 그 공정에 준하여 의복 생산을 설계할 필요가 있다.

한 때 수출 주력 산업으로 우리 경제에 큰 도움을 주었던 섬유, 의류산업은 노동력이 싼 개발도상국과 경쟁하는 동시에 제품의 고급화, 다양화, 차별화를 추구하는 세계추세를 부응하기 위하여 생산 설비의 현대화 및 기술 혁신에 중점을 두고 있다. 우리 나라의 의류산업에서 컴퓨터가 활용된 것은 불과 20년 정도이나 많은 생산업체들이 자동화 시설을 갖춰 지금은 제품의 디자인에서 패턴 제작, 재단, 봉제 등의 제품 생산에 관련된 분야는 물론, 포장, 운송까지 컴퓨터에 의한 자동화 시설로 바뀌어 가고 있으며 이에 따른 전문 인력이 계속 요구되고 있다.

의류의 효율적 생산을 위해서는 패턴 제작에 대한 지식뿐 아니라 의류 제작 과정에 대한 전반적인 이해 및 자동화 시스템의 원활한 사용방법에 대한 지식이 수반되어야 한다. 기성복의 생산 시스템은 다음과 같은 과정으로 제작되는데 제품의 종류나 기업의 규모 등에 따라 차이가 있다.

## 1) 제품의 개발 및 기획

디자인실에서는 국내외의 유행 정보와 시장 및 소비자 정보, 지난 시즌의 실적과 소비자 반응 등을 수집, 분석하여 제품의 의복을 디자인하고 소재를 선정하며

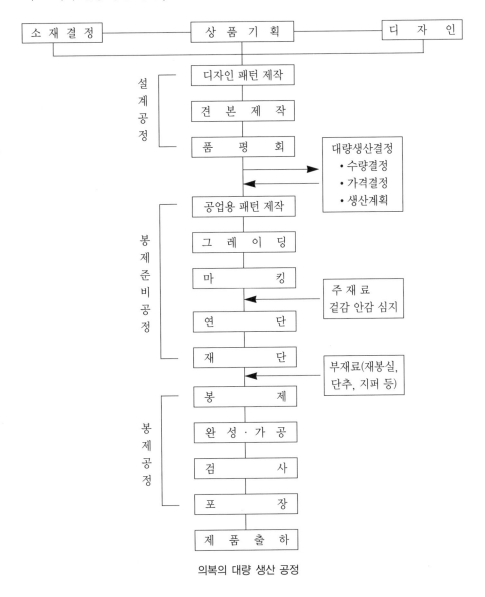

의복의 대량 생산 공정

상품 기획을 한다. 상품 기획이란 소비자가 선호하는 상품을, 적절한 시기와 장소에 상품 구색을 갖춰, 알맞은 물량을 합리적인 가격으로 시장에 공급함으로써, 소비자가 상품을 구매하고 궁극적으로 기업에 이윤을 남길 수 있도록 절차를 계획하고 실시하는 것이다.

기획 단계에서 기업의 연간 목표액과 함께 각 시즌, 브랜드의 목표액, 품목 및 생산량을 정한다. 생활방식, 경제능력, 취향이 각기 다른 소비자에 부합되는 제품을 개발하기 위해 소비자에 대한 정보를 충분히 검토하고 생산 단계별로 신중하게 계획한다.

컴퓨터를 이용한 디자인 기획 및 소재 개발(자료 제공 : 기화 하이텍)

## 2) 기성복 제작의 설계 공정

제안된 디자인의 제품화를 결정하기 위해 디자인을 실물로 제작하는 샘플 제작 및 검토과정을 거치는데 이를 설계공정이라 한다. 제품 기획안과 샘플 제작 지시서에 따라 모델리스트가 기본 사이즈로 샘플용 패턴을 제작하고 샘플실에서 이를 제작하여 모델(fitting model)에게 가봉한다.

디자이너와 제작진, 생산책임자 등이 참석한 품평회에서 견본을 통해 디자인이 상품기획취지에 맞는지, 상품으로서의 생산가치가 있는지 평가한다. 모델리스트와 봉제사가 샘플제작과정 및 가봉을 통해 파악된 문제점과 수정사항을 지적하고 패턴 제작 및 봉제시의 문제점, 소재, 색상 및 스타일 등을 검토한 후, 생산 여부를 결정한다.

디자인 패턴 및 샘플 제작(자료 제공 : 기화 하이텍)

제품을 생산하기로 결정하면 수정, 보완 작업을 거쳐 보다 구체적인 디자인 및 가격, 수량을 정하고, 생산 계획과 판매 계획을 세운다. 생산 계획에서는 대상 소비자층을 고려한 각 사이즈의 비율, 소재의 주문, 하청 업체 선정 등을, 판매 계획에서는 제품이 출하될 시기 및 대상 소비자층을 고려한 판촉 활동 등을 계획한다.

## 3) 봉제 준비 공정

제품의 생산이 결정되면 소재를 주문하고 패턴 제작, 그레이딩, 마킹, 재단, 봉제 등의 생산과정을 거쳐 의류제품으로 완성된다. 이 중 봉제 전까지의 과정을 봉제준비공정이라 한다. 디자인을 공장에 생산의뢰하기 위해서는 봉제 사양서, 완성 사양서, 검사 기준서, 기타 사용하는 기기, 부속품 등의 상세한 지시서가 필요하다. 과거에는 수작업으로 진행되던 준비공정 작업들이 컴퓨터로 가능하게 되어 신속하고 정확하게 작업할 수 있다.

### (1) 공업용 패턴 제작

샘플 패턴은 생산가능성을 진단하기 위해 한시적으로 제작된 패턴으로 대량 생산에 사용하기에는 부족한 점이 많다. 패턴사는 결정된 스타일을 벗어나지 않는 범위 내에서 원가 절감이 가능하도록 불필요한 부분들을 반복 수정하여 단순화시킨다. 겉감뿐 아니라 안감, 안단, 심지 등의 패턴도 제작하며 그레이딩, 재단, 봉제 등의 작업을 효율적으로 진행하기 위한 여러 가지 표시를 한다.

그레이딩된 패턴(자료 제공 : 기화 하이텍)

### (2) 그레이딩(Grading)

기준 사이즈로 제작된 공업용 패턴을 브랜드의 소비자층에 맞게 다양한 치수로 확대, 축소시키는데 이것을 그레이딩이라 한다. 기본이 되는 사이즈의 패턴을 기준으로, 전체적인 균형을 유지하면서, 정해진 그레이딩 편차를 적용시켜 늘이거나 줄임으로써 브랜드에서 생산하는 사이즈 별로 패턴을 제작한다.

### (3) 마킹(Marking)

패턴 배치도(marker)를 제작하는 과정으로 원단과 같은 폭의 종이 위에 원단의 손실을 가능한 한 줄이도록 효율적으로 패턴을 배치하여, 재단선을 그리는 작업이다. 마킹이 잘못되면 직물의 손실이 커져 결국 제품 가격의 상승 요인이 된다. 마킹은 회사의 이익과 직결되는 중요한 작업으로 대기업에서는 마킹을 전담하는 전문가가 있으며, 중소업체에서는 전문가에게 마커 제작을 의뢰하기도 한다.

컴퓨터에 의한 마커 제작 시스템은 그레이딩된 패턴을 원단 폭과 원단 특성, 식서 방향, 각 사이즈의 조합, 무늬, 원단의 층 등, 여러 조건을 고려하여 원단 손실이 최소가 되도록 배치함으로써 높은 효율을 얻을 수 있다.

### (4) 연단(spreading)

접혀 있거나 감겨진 원단을 재단 가능한 형태로 펼쳐 가지런히 포개어 놓는 작업이 연단이다. 연단기가 테이블 위를 왕복하면서 원단을 겹쳐 놓는다.

연단 및 재단공정(자료 제공 : 기화 하이텍)

연단에는 원단을 자르지 않고 접어 겹치는 방법과, 낱장씩 잘라서 겹치는 방법이 있다. 접어 겹치는 방법은 간단하고 빠른 방법이나, 겉과 안이 서로 마주보며 번갈아 겹치게 되므로, 겉과 안의 구별이 없는 옷감에만 사용될 수 있다.

## (5) 재단

원단의 맨 위에 마커를 얹어 놓고 배치된 모양으로 재단한다. 연단이 끝난 원단 층은 두껍고 고르지 못해 정밀하게 재단할 수 없다. 그래서 원단을 재단대로 이동할 때 진공압축장치를 통과시켜 수백 매의 원단을 10cm이하의 두께로 압축시킨다. 재단된 조각은 컨베이어 시스템에 의해 다음 과정으로 이송된다.

자동 재단기는 수직으로 된 전동식 칼이 부착되어 2.5~7.5cm의 깊이까지 수십, 수백 장의 원단을 한꺼번에 재단할 수 있다. 최근 전동식 수직 칼로 재단하기 어려운 특수직물, 고가품의 직물들을 대량생산하기 위해 레이저 광선 또는 수압을 이용하여 재단하는 첨단 재단기기들이 개발, 사용되고 있다.

재단공정(자료 제공 : 기화 하이텍)

## 4) 봉제 본 공정

봉제공정은 의류업체 산하의 자체 공장에 의한 생산과, 하청공장에 위탁하는 생산형태로 이루어진다. 대부분의 기성복업체가 하청에 의존하고 견본만 자체 공장에서 제작한다. 전속 하청공장을 둔 대기업도 있으며, 중소기업이나 디자이너 브랜드 등 소규모 기업일수록 자체 공장에 의한 생산체제를 채택하고 있다.

대량생산용 견본은 생산공장에서 만드는데, 검사기준이 엄격하다. 양산용 견본 검토를 위한 표준지침서를 작성하여 이 지침서에 따라서 확인한다.

### (1) 봉제

재단편(pieces)에 번호표를 붙이고 심지접착, 또는 입체감에 필요한 열처리 등 봉제전처리 과정을 거쳐 각 봉제에 필요한 재료들, 즉 겉감, 안감과 심지, 기타 테이프, 지퍼 등 부자재들을 몇 묶음씩 함께 묶어(**번들링, Bundling**) 봉제기능사들에게 배당한다. 스타일 번호와 치수, 호칭을 적은 표식을 붙여서 묶은 다발(bundle)들을 생산 라인에 전한다.

한 벌의 옷이 완성되기까지 여러 단계의 봉제공정을 거치며, 분업하여 진행된다. 소규모 업체에서는 봉제를 담당하는 전문봉제사가 있어 오버록, 단춧구멍, 단추달기, 단처리 등 일부 공정을 제외한 대부분의 봉제를 전담한다. 그러나 수백 명의 기능공으로 구성된 공장에서는 분업이 매우 세분화되어 많게는 수십 가

봉제 라인(자료 제공 : 기화 하이텍)

지의 봉제단계를 거치기도 한다.

### (2) 가공, 처리

봉제가 끝난 옷에 제품의 모양새를 갖추기 위한 마지막 손질을 한다. 작업 도중에 묻은 먼지, 실밥과 원단에 표시된 자국들을 모두 제거한다.

**프레싱(pressing)**은 옷의 입체감과 형태 안정성을 높이기 위해 섬유의 열가소성을 이용하여 필요한 부분에 주름을 잡아 주거나 작업 과정에서 생긴 구김을 펴주는 공정이다. 대량 생산시 봉제 도중의 다림질은 가급적 줄이고 프레싱으로 마무리하는데 별도의 전문공장에서 작업되는 경우도 있다. 이 과정을 거치면 의복이 완성된다.

### (3) 검사

원단 및 봉제상의 불량이 없는지, 각종 부속이 제 위치에 잘 달렸는지, 마무리가 잘 되었는지 등을 조사한다. 제품의 품질은 기업의 신뢰도와 직결되는 문제이므로 제품이 출하되기 전에 또, 납품 업체에서는 주문한 회사에 납품되기 전에 자체 내에서 모든 제품을 세밀히 검사하여야 한다.

### (4) 포장

결함이 없는 제품에 상표를 달고 포장한다. 구김이 가지 않게 잘 접어 비닐 백에 넣고 사이즈, 가격 등을 표시한 스티커를 붙인다.

의복의 품질 및 가격에 따라 포장 방법이 매우 다양하다. 포장에 따라 제품의 품격이 좌우되고, 그만큼 소비자의 구매 욕구에 영향을 미치므로 중요한 작업이다. 판매처에서 요구하는 대로 디자인, 사이즈, 색상별로 필요한 수량만큼 모아 중간포장을 하여 출고하면, 최종적으로 소매점에서 완성된 제품으로 소비자들에게 판매한다.

# 제2장
## 인체의 이해

아름답고 편안하며 활동적인 옷은 인체의 이해에서 출발한다. 잘못 만들어진 옷은 보기 싫고 불편하다. 원래의 모습보다 목이 굵거나 다리가 짧아 보일 수도 있다. 불량한 봉제 선이 피부에 상처를 줄 수도 있고 여밈이 올바르지 못해 보온이 되지 않는 경우도 있다. 옷자락을 밟아 넘어지거나 소매가 올려지지 않아 버스의 손잡이를 잡을 수 없는 경우도 종종 경험한다. 특히 어린이나 노약자에게 불편한 옷은 치명적인 사고로 이어질 수 있다. 보기 좋은 옷을 만들려면 우리 몸의 생김새를 파악하여 외관상의 단점을 감추면서 인체의 굴곡을 미적으로 표현하여야 한다. 활동하는 데 불편하지 않으려면 뼈와 관절이 움직이는 방향과 그 범위를 알고 몸이 움직일 때 옷이 같이 움직이며 동작 후 옷이 원상태로 돌아오는 복원력도 갖추도록 패턴을 제작하여야 한다. 옷을 입어 편안하고 쾌적하려면 인체의 생리학적 기능 및 환경에 따른 변화를 이해하고 환경에 적절히 대응하며 신체를 보호하는 의복을 제작하여야 한다.

의복의 종류와 기능, 의복의 착의 대상에 따라 인체의 어떤 정보가 필요한가는 각각 다르다. 어떤 옷이든지 정도의 차이는 있으나 인체를 모르고는 좋은 옷이 될 수 없다.

## 1. 인체의 방위와 구조

### 1) 인체의 방향과 위치

해부학에서는 인체의 방위를 설명하기 위하여 가상의 면을 설정해 놓고 그 면을 중심으로 인체의 방향과 위치를 표시한다. 의류학에서도 인체의 이해를 위해 그 용어를 사용하고 있다. 인체의 방위는 크게 세가지의 면을 기준으로 한다.

• **정중면(median)** : 직립 자세에서 인체를 좌우 대칭으로 나누는 가운데 면으로 이와 평행한 면을 시상면이라 한다.

- **관상면(coronal)** : 인체를 앞, 뒤로 나누는 면이다.
- **수평면(horizontal)** : 인체를 위, 아래로 구분하는 횡단면이다.

즉 관상면을 중심으로 앞, 뒤의 방위가 생기고 정중면을 중심으로 인체의 왼쪽과 오른쪽이 구분되며, 수평면으로 인체를 나누면 머리에 가까운 위와 발에 가까운 아래가 있다. 인체의 중심에 가까운 쪽을 안쪽, 먼 쪽을 바깥쪽이라 한다.

## 2) 인체의 부위

의류학에서의 인체의 구분은 다른 학문과 다소 차이가 있다. 이는 인체를 구분하는 데 있어 어느 부분에 강조를 두는가에 의한 차이이다. 해부학에서의 인체는 구간부(body)와 사지부(limb)로 구분한다. 구간부는 머리(head), 얼굴(face), 목

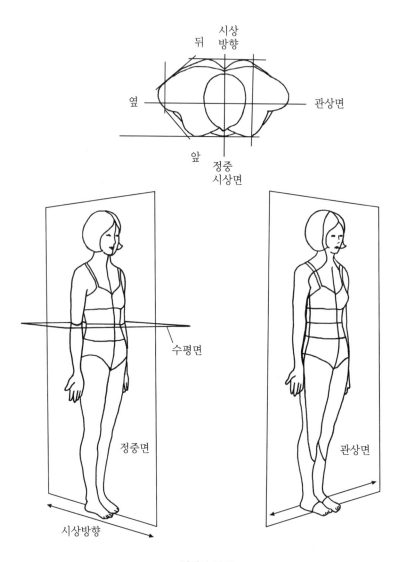

인체의 방위

(neck), 몸통(trunk)이며 체지는 팔(upper limb)과 다리(lower limb)이다. 즉 사람의 생명에 관계되는 인체의 구조에 관심을 두어 인체를 구분한다. 이러한 구분은 의복 제작을 위한 여러 경계와 일치하지 않는 부위가 많아 의복 구성학에 적용하기에는 어려움이 많다.

의류학에서는 의복을 착용하는 대상, 착의자로서 의복과 연관된 몸의 구조를 공부한다. 즉, 해부학에서의 구간부는 머리와 장기를 감싸는 부분, 즉 사람이 생명을 유지하는 데 필요한 부분을 일컫지만 의류학에서의 몸통은 의복을 통하여 최소한 감싸지는 부분으로 머리와 얼굴(head and face), 때로는 목까지 몸통에서 제외된다.

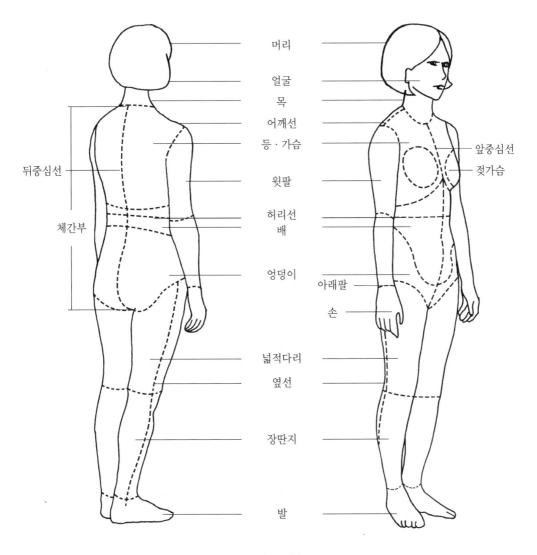

체표 구분

몸통(torso), 즉 체간부(trunk)는 목(neck), 어깨(shoulder), 가슴과 등(bust, back), 배(abdorman), 허리(waist), 엉덩이(hip)로 구성된다. 체지부는 팔(arm)과 다리(leg)로 구분되며 팔은 위팔, 아래팔, 손을, 다리는 무릎을 경계로 넓적다리, 장딴지, 발을 포함한다.

피복구성학적 체표구분은 해부학적 체표구분과 비교할 때 다음과 같은 차이가 있다.

- **목과 가슴을 구분하는 경계선이 있다.** 이는 목뒤점, 목옆점, 목앞점을 지나는 목밑둘레선이다.
- **팔과 몸통을 구분하는 경계선이 있다.** 이는 어깨끝점, 앞겨드랑점, 겨드랑점, 뒤겨드랑점을 지나는 진동둘레선이다.
- **몸통과 다리의 경계선이 다르다.** 의복구성에서의 체간부는 엉덩이와 앞에서 엉덩이와 같은 위치에 있는 부위를 포함한다.
- **어깨부위와 이를 앞과 뒤로 구분하는 경계선이 있다.** 이는 목옆점에서 어깨끝점을 이은 어깨선이다. 체표상에서 뚜렷한 경계선은 없으나 의복구성을 위해 반드시 지정해 주어야 하는 선이다.

## 3) 인체의 구조

사람의 기본적인 형태와 단단한 정도는 뼈와 연골에 의해 이루어지고 몸의 움직임은 근육의 수축에 따라 뼈와 뼈 사이의 관절에서 일어나는 운동의 결과이며, 관절운동이 이루어짐에 따라 몸의 모양은 변화된다.

### (1) 뼈(Bone)

우리 몸에는 200개가 넘는 많은 뼈가 있어 다음과 같은 여러 가지 중요한 기능을 수행한다.

- **지지** : 인체의 연조직을 지탱해주는 뼈대 역할을 하며 인체 근육의 대부분은 이들 골격에 부착점을 갖는다. 이 뼈들은 서로 연결되어 우리 몸의 생김새를 유지한다. 집을 지을 때도 골조를 세우듯이 골격은 인체의 형태를 지지해 준다.
- **운동** : 골격들이 가동 관절을 형성하여 관절에서 운동이 일어날 때 지렛대와 같은 중요한 역할을 한다.
- **보호** : 골격내의 중요한 기관들을 둘러싸는 보호 상자의 역할을 하는 것으로 뇌 및 내장 등 뼈 속에 부드러운 내부 기관을 감싸서 보호한다.

이중 의복과 관련된 뼈의 기능은 지지와 운동으로 뼈의 생김새와 기능은 패턴의 제도에 매우 중요한 요인이다.

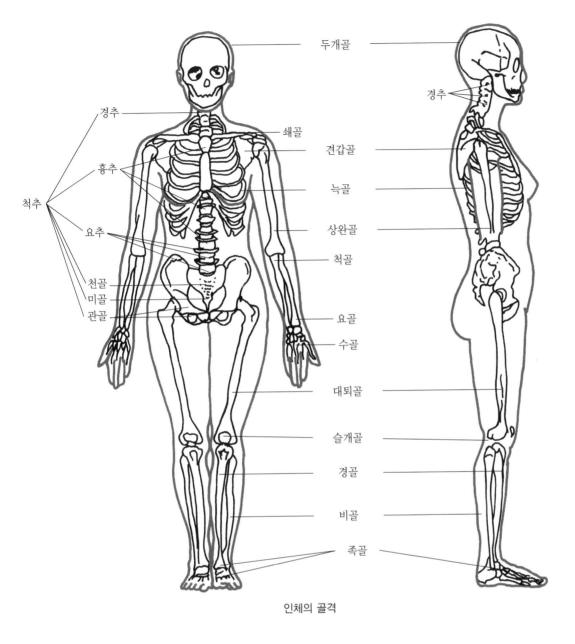

| | |
|---|---|
| 경추 | 두개골 |
| 흉추 | 쇄골 |
| 척추 | 견갑골 |
| 요추 | 늑골 |
| 천골 | 상완골 |
| 미골 | 척골 |
| 관골 | 요골 |
| | 수골 |
| | 대퇴골 |
| | 슬개골 |
| | 경골 |
| | 비골 |
| | 족골 |

인체의 골격

## (2) 관절(Joint)

두 개 이상의 뼈가 만나는 곳, 혹은 연골과 뼈가 만나는 곳을 관절이라 한다. 관절에 의해 운동이 일어나며, 관절의 모양에 따라 운동의 방향과 범위가 다르다. 대개 관절의 기능은 움직이는 작용이나, 머리뼈에서와 같이 움직이지 않는 것도 중요한 기능이 된다. 머리뼈가 움직인다면 뇌는 보호될 수 없을 것이다.

의복구성에서 중요시 여기는 것은 움직임이 있는 관절이다. 이들 관절이 가능한 운동량을 충분히 갖도록 옷이 함께 움직여 주고 동작이 끝났을 때 옷이 원래의 형태로 복원되도록 하는 일이 패턴과 소재에서 다루는 과제이다.

### (3) 근육(Muscle)

인체의 약 40% 정도를 차지하는 근육은 뼈를 움직여서 신체의 동작을 만들어 내면서 골격의 형태를 유지시켜 인체의 윤곽을 형성한다. 근육은 수축할 수 있는 근육 섬유로 이루어져 있는 조직으로 우리 몸과 여러 장기에 운동이 일어날 수 있게 한다. 움직일 때 근육은 특수한 형태로 형성되어 흥분, 수축, 신전, 탄력 등의 특징을 보이는데 이에 따른 인체의 변화를 의복에서 고려해 주어야 한다.

### (4) 피부(Skin)

피부는 인체를 덮고 있는 가장 바깥 구조로 건강 상태, 질병, 연령 등 많은 정보를 눈으로 얻을 수 있는 최대의 기관이다. 체중의 약 16%를 차지하며 표피, 진피, 피하조직의 3층으로 구성되고 모발, 땀선, 피지선 등의 부속 기관이 있어 조화롭게 생리 활동을 이루고 있다. 몸을 덮어 세균과 외력으로부터 인체를 보호하고, 건조를 막으며 발한 작용으로 체온을 조절한다. 피하에 지방을 저장하여 영양부족에 대응함과 동시에 감각기의 역할도 한다. 원활한 생리 기능을 위해서는 피부를 늘 청결히 하고 피부에 직접 닿는 의복의 소재 및 피복부위의 선택이 중요하다.

피부는 인체의 기능 이외에 사람의 외모를 결정짓는 중요한 요소이기도 하다. 외적 환경과 직접 접촉하는 기관이기 때문에 연령의 증가에 따른 변화, 즉 노화의 한 요소가 된다. 특히 노출되는 피부의 변화는 연령과 상관관계를 가지며, 평소 노출되지 않는 피부는 70세를 지나면서 노화가 뚜렷이 나타난다. 노화가 진행되면 피부의 긴장이 사라지고 주름이 생겨 외력에 대한 반응이 완만하게 나타난다. 피부의 주름은 이마, 눈 주위, 입술 주위, 뺨, 턱, 목, 손등 등에 생긴다.

## 2. 체형

체형은 각 사람의 모양을 결정하는, 겉으로 나타나는 인체 형태이다. 뚱뚱하다, 마르다, 허리가 구부정하다, 어깨가 쳐졌다, 다리가 짧다 등 전문적인 지식이 없어도 누구나 사람의 외모를 판단할 수 있는 것은 체형에 대한 상식적인 판단 기준이 있음을 의미한다. 인체 구조 중 체형과 가장 관계가 깊은 부위는 피부로서, 피하지방이 침착된 부위와 정도에 따라 체형이 달라진다. 체형은 성, 연령, 인종, 지역에 따라 다르며 같은 인종이라도 개인차가 많고 한 사람의 왼쪽과 오른쪽도 서로 대칭이 되지 않는 경우가 허다하다.

## 1) 인체 비율 : 성장, 노화와 체형

키가 큰 사람은 모든 부위가 크기보다는 다리가 긴 경우가 많다. TV에 나오는 연예인 중에는 키가 작은 여성도 꽤 있는데 땅딸해 보이지 않는 것은 그들의 인체 비율이 높기 때문이다.

외모를 결정짓는 중요한 요인중의 하나가 인체 비율인데, 이것은 머리꼭대기에서 발바닥까지의 수직거리를 머리에서 턱까지 즉, 얼굴의 수직거리로 나눈 것으로 머리에 대한 전신비율(두신 지수)로 나타낸다. 성인의 경우 7~8 두신 사이의 신체 비율을 갖는다.

태어나서 성인이 될 때까지 인체 비율이 계속 변화하므로 연령별 인체 비율은 의복치수를 결정하는 중요한 판단 요인이 된다. 갓 태어난 아기는 약 4 두신으로 머리둘레와 가슴둘레가 거의 같다. 성장하면서 머리보다는 신체 쪽이, 몸통보다는 팔, 다리가 더 발달하여, 18세 정도가 되면 성인과 같은 체형을 갖는다.

모든 인체가 항상 일정하게 자라는 것은 아니다. 때로는 키나 팔, 다리 등의 길이의 성장이 빠르기도 하고, 때로는 둘레가 증가하고 체중이 느는 것과 같이 부피 성장이 증가하기도 한다. 그래서 성장곡선은 직선의 형태가 아닌 곡선의 형태를 이루는데, 두 번의 신장기(길이의 성장이 뚜렷한 시기)와 두 번의 충실기(부피의 성장이 뚜렷한 시기)를 거친다.

신체 부위, 또는 개인에 따라 성장이 멈추는 시기가 다르다. 남자는 21세, 여자는 17세 전후로 성장이 끝나며 그 후 키가 조금씩 줄어 들지만 거의 느끼지 못한다.

20대와 40대는 신체 비율은 같더라도 피하지방의 분포가 달라 서로 다른 체형을 보인다. 머리, 코와 귀는 일생동안 서서히 증가하고, 가슴은 나이가 들면 두꺼워진다. 몸무게와 관련이 있는 너비, 두께, 둘레 부위는 피하지방이 증가함에 따라 대체로 중년까지는 계속 늘어나다가 노년에는 다시 줄어든다. 몸무게는 또한 식습관과 육체적 활동, 나이의 영향을 받는다.

## 2) 남·여의 체형

남자와 여자는 생김새가 다르다. 일반적으로 남성은 근육과 뼈가 발달하여 각이 진 반면, 여자는 피하지방이 발달하여 유연한 곡선을 지닌다. 남자는 여자에 비해 어깨가 넓고, 팔, 다리가 길며, 키가 크다. 대부분의 치수에서 남자가 크지

여자

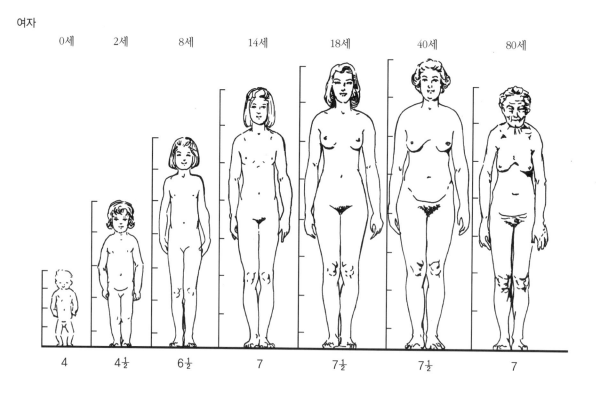

| 0세 | 2세 | 8세 | 14세 | 18세 | 40세 | 80세 |
| 4 | 4½ | 6½ | 7 | 7½ | 7½ | 7 |

남자

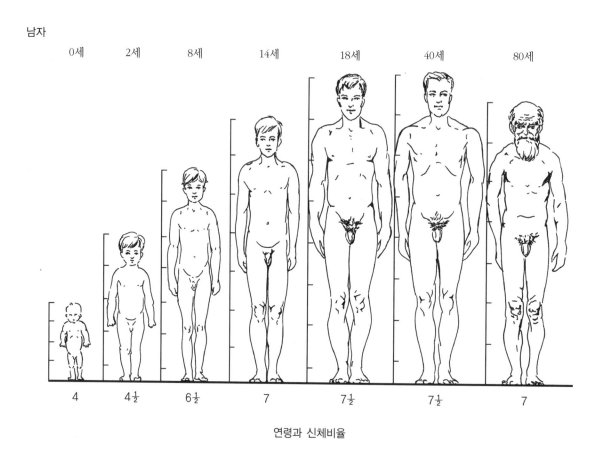

| 0세 | 2세 | 8세 | 14세 | 18세 | 40세 | 80세 |
| 4 | 4½ | 6½ | 7 | 7½ | 7½ | 7 |

연령과 신체비율

만 엉덩이와 허벅지 부위는 여자가 크다.

　이러한 남녀의 차이는 주로 충실기의 성장을 거치면서 나타난다. 일반적으로 8세 정도까지는 남·여의 구분이 크게 나타나지 않으나 제2차 성징을 거치면서 성별에 따른 외모가 크게 차이가 난다. 10~13세 경에는 체중에서 여자가 남자보다 약간 높고, 1, 2차 성징(性徵)의 시기를 거치면서 외관으로 성별을 구분할 수 있는

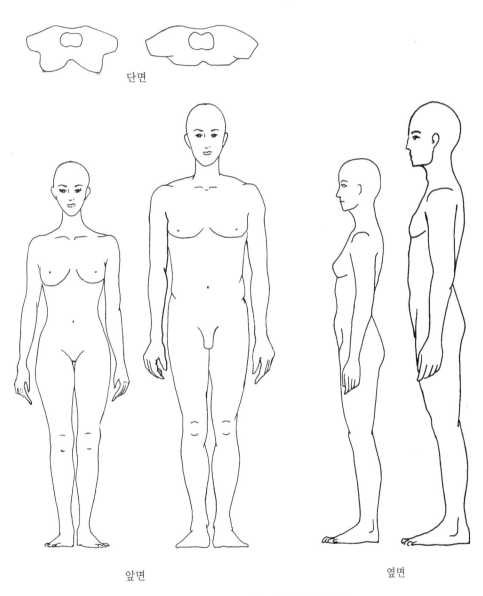

단면

앞면　　　　　　　　　　　　옆면

남자와 여자의 체형 차이

뚜렷한 차이를 갖게 된다. 남자는 근육과 골격이 발달하고 여자는 젖가슴이 생긴다.

여자가 남자나 어린이 체형과 가장 크게 다른 점은 가슴과 허리, 엉덩이의 굴곡이다. 엉덩이 부위의 피하지방과 유방의 돌출로 허리가 가늘어 보이고, 몸 전체에 피하 지방이 있어 몸의 곡선이 부드럽다. 임신기간에는 남자와의 체형차이가 더욱 뚜렷해진다.

### 3) 체형의 분류

앞서 설명한 것처럼 우리는 사람의 외모로부터 여러 가지 판단을 한다. 이러한 판단은 개개인의 주관적인 판단이기보다는 오래 전부터 인류학자, 의학자, 생리학자 및 의류, 체육 전문가에 의해 분류된 것에 의존한 것이다.

인체의 생김새를 보는 관점에 따라 여러 가지 체형분류가 있을 수 있다. 체형은 모양으로 판단하는 방법과 수치에 의해 판단하는 방법이 있다. 체형과 패턴제작의 관점에서 몇 개의 중요한 체형분류방법만을 살펴보기로 한다.

#### (1) 체형과 체질에 의한 분류

인류학자 W. Sheldon은 남자 대학생 4,000명의 사진으로부터 앞, 뒤, 옆면의 외관상의 모양과 계측된 치수를 종합적으로 분석하여 체형을 분류하였다. 이는 인체의 전체적인 모양을 서로 다른 특징으로 분류한 좋은 예로 의복 구성학에서도 자주 인용된다.

그는 인체를 발생학(embryology)적인 측면에서 발생 초기에 형성되어 모든 조직, 기관발달의 근원이 되는 3개의 요소(내배엽, 중배엽, 외배엽)에 의해 체형을 분류하였다. 요소의 발달이 가장 약한 경우 1에서, 가장 강한 경우 7까지의 숫자를 주었으며 각 요소가 배합된 정도, 즉 세 개의 숫자에 따라 개인의 체형특성을 설명하였다.

• 내배엽형(비만형, **endomorphy**, 711) : 내배엽이란 인체내의 가장 안쪽인 장기를 뜻하는 것으로, 소화기계통이 발달한 사람이다. 몸이 부드럽고 둥글며 팔, 다리가 짧고 비만한 체형이다. 세 개의 숫자 중 첫 번째의 숫자가 내배엽성의 성질을 의미한다.

• 중배엽형(근육형, **mesomorphy**, 171) : 중배엽이란 인체의 중간부위인 근육과 골격으로, 이러한 요소가 발달한 체형을 중배엽형 체형이라 한다. 어깨가 넓고 군살이 없이 단단하며 역삼각형의 형태를 이룬다. 남성적인 요소인 중배엽소가 매우 강한 모양이다. 중간의 숫자가 7에 가까울수록 중배엽 요소가 강한 체

형이다.

　**·외배엽형(수척형, ectomorphy, 117)** : 인체의 가장 바깥쪽인 피부 및 신경, 감각계통이 외배엽으로, 마지막 자리의 숫자가 7에 가까운 외배엽성이 강한 사람은 마르고 팔, 다리가 길며 예민한 체질이다.

　사람마다 각 요소성질의 배합 정도에 따라 111에서 777사이의 한 숫자를 갖게 된다. 그러나 117, 171, 711 등의 체형은 현실적으로 불가능한 체형으로 대부분의 사람들은 내, 중, 외배엽 요소가 적당히 혼재된 체형을 갖는다. 이러한 외모상의 체형은 신체의 길이, 둘레에 차이를 보여 패턴설계에 고려해야 할 요인이다.

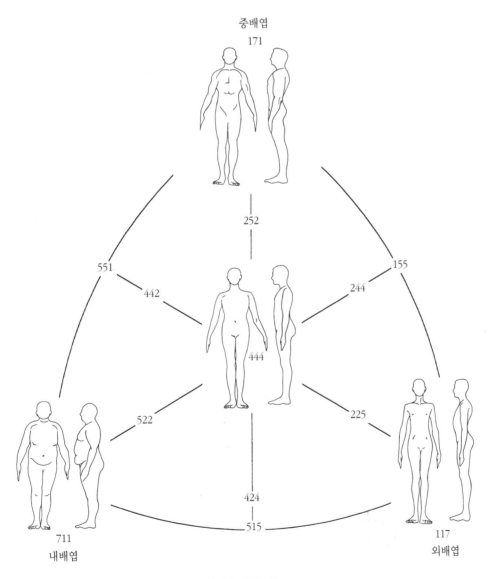

쉘던의 체형분류

## (2) 부분 체형에 의한 분류

전체 체형뿐 아니라 어깨모양이나 둘레의 차이, 자세 등 부분적인 형태의 차이는 패턴제도에 중요한 요인이 된다. 의복은 개인의 신체에 잘 맞을 뿐 아니라 체형의 결점을 감출 수 있어야 한다.

인체의 자세는 옆면에서 보아 정상 체형, 젖힌 체형, 숙인 체형으로 분류할 수 있다. 젖힌 체형은 척추가 휘어 가슴과 등이 뒤로 젖혀진 체형으로 주로 어린이나 비만 체형, 임부의 체형 등 배가 나온 체형에서 나타난다. 숙인 체형은 등이 굽어 앞으로 숙여진 체형으로 노화 증상으로 뼈가 약해진 노인에게서 많이 볼 수 있는 체형이다. 정상 체형은 척추의 굴곡이 균형이 잡혀 있는 바른 자세의 체형이다. 자세에 따라 앞, 뒤 길이의 치수가 달라지므로, 의복을 구성할 때 자세를 정확히 파악할 필요가 있다.

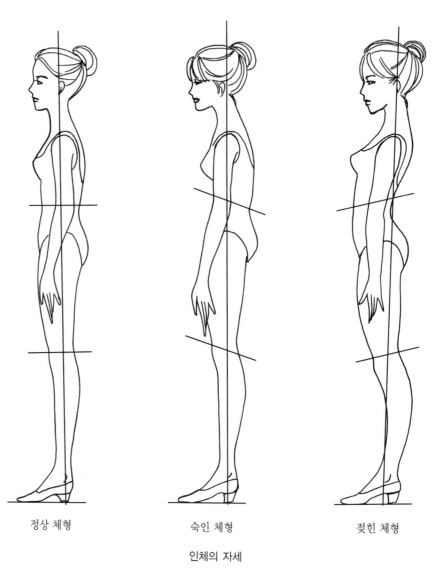

정상 체형      숙인 체형      젖힌 체형

인체의 자세

어깨의 경사 역시 개인차가 심한 부위로 패턴 제작시 고려되는 중요한 요인이다. 성인 여자의 평균 어깨경사각도는 약 23° 정도이지만 개인차가 커서 30°의 처진 어깨나 10° 정도의 솟은 어깨도 있다. 어깨의 형태에 따라 어깨선의 경사를 조절해 주어야 하며 소매와 목둘레선에도 영향을 미치므로 잘 파악하도록 한다.

이 밖에 가슴의 형태, 가슴둘레와 허리둘레, 엉덩이둘레의 차이 등 여러 부분 체형들도 패턴 제작시 고려되어야 할 요인이다.

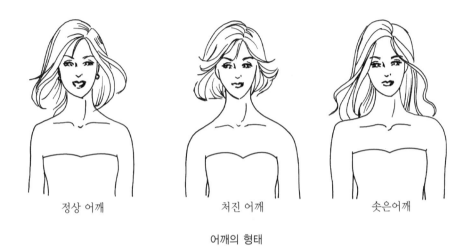

| 정상 어깨 | 처진 어깨 | 솟은어깨 |

어깨의 형태

### (3) 수치에 의한 체형분류

체형 분류의 간단한 방법으로 키, 체중 등, 신체를 대표하는 치수로부터 계산된 값을 통하여 비만형, 보통형, 마른형으로 체형을 분류하는 방법이 있다. 우리가 매우 잘 이용하는 지수치들이 이에 해당되는 것으로 로러지수(Röhrer index)가 대표적이다.

· **Röhrer index = (체중/신장$^3$) × 10$^7$**

즉, 신장을 한 변으로 하는 정육면체에 체중이 차지하는 비율을 계산한 것으로 인체의 비만여부를 판단하는 지표로 널리 사용된다. 연령 및 성별, 시대에 따라 계산된 점수값으로부터 마르고 뚱뚱함을 판단하는 기준이 다르기도 하나 대체로 110 이하는 마른 것으로 140 이상은 비만한 것으로 간주한다.

이 외에도 Kaup 지수와 Vervaeck 지수 등이 사용된다.

· **Kaup index = (체중/신장$^2$) × 100**

· **Vervaeck index = (가슴둘레 + 체중)/신장 × 100**

# 제**3**장
# 치수재기

의복에서 인체의 굴곡을 얼마나 표현하는가에 따라 요구되는 신체 정보가 다르다. 가사, 사리, 판초 등은 매우 단순한 옷으로 천을 몸에 두르거나 뒤집어쓰는 방법으로 옷의 형태를 이룬다. 이런 옷들은 크기나 길이의 차이만 있을 뿐, 자세한 치수는 필요로 하지 않는다. 또, 한복은 주로 직선으로 구성된 의복으로 몇 개의 신체 치수만 가지고도 제작이 가능하다.

그러나 서양복은 인체의 곡선을 살려 입체적으로 제작한 의복으로 모든 사람에게 공통적인 크기를 사용할 수 없다. 그러므로, 잘 맞는 의복을 제작하려면 개개인의 인체 정보를 알아야 한다.

인체의 치수를 재는 것을 측정이라고 하는데, 정확한 측정치는 생활을 쾌적하고 능률적으로 생활할 수 있도록 도움을 준다. 비행기, 자동차 등의 좌석, 각종 운동기구, 자질구레한 소도구, 가구 등도 각각 제작에 필요한 치수들을 세밀히 측정하여 적용시킨 것이다.

## 1. 인체의 측정용어

정확한 측정을 위하여 각 사람에게 공통적인 점이나 선을 기준으로 정하게 된다. 아래에서 설명하는 기준점, 기준선 이외에 많은 점과 선이 설정되어 있으나 패턴제도 및 인체의 이해를 위해 필수적인 것만 설명하였다. 자신의 몸, 또는 짝을 지어 서로 상대방의 몸을 직접 만져 보면서 기준점과 기준선을 정확히 찾는 연습을 하자.

## 1) 측정 기준점

원형 제도에서 기준이 되는 측정점은 외관상 두드러진 점, 인체부위의 최대, 최소 길이나 둘레를 결정하는 점들로 정해져 있다.

(1) 머리마루점(두정점, vertex) : 머리부위의 정중선에서 위로 가장 두드러진 점.

(2) 귀구슬점(이주점, tragion) : 귀구슬부위 중 가장 두드러진 부위의 바깥아래 끝점.

(3) 목뒤점(경추점, back neck point) : 목을 앞으로 숙였을 때 뒤로 가장 튀어 나온 목뼈점. 일반적으로 제7경추가 된다.

(4) 목옆점(경측점, side neck point) : 목앞점과 목뒤점을 자연스러운 곡선으로 연결하였을 때 곡선과 어깨선이 만나는 점.

(5) 목앞점(경와점, front neck point) : 어깨에서 목에 이르는 좌우 쇄골이 만나는 목의 중심부에 약간 움푹하게 들어간 점.

(6) 어깨점(견봉점, acromion) : 견갑골의 어깨돌기 바깥쪽에서 가장 두드러진 점.

(7) 어깨끝점(견선점, shoulder tip point) : 옆에서 어깨 끝을 보아 진동둘레선 상에서 위팔의 두께를 이등분하는 점.

(8) 팔꿈치점(주두점, olecranon) : 팔꿈치를 굽혔을 때 팔꿈치에서 가장 뒤로 두드러진 지점.

(9) 손목점(경돌점, stylion radiale) : 손목에서 새끼손가락 쪽으로 튀어나온 손목뼈의 중심점.

(10) 젖꼭지점(유두점, thelion, bust point) : 젖꼭지의 가운데 점.

(11) 겨드랑점(액와점, armpit point) : 겨드랑 밑 접한 부분의 가운데 점.

(12) 앞 겨드랑점(전액점, anterior armpit point) : 앞쪽에서 겨드랑밑 접힌 부분이 시작되는 점.

(13) 뒤겨드랑점(후액점, posterior armpit point) : 뒤쪽에서 겨드랑 밑 접한 부분이 시작되는 곳.

(14) 무릎점(슬개골 중점, patella center point) : 무릎뼈의 가운데 점.

(15) 바깥복사점(외과점, fibulae point) : 발의 바깥쪽 복사뼈의 가장 튀어나온 점.

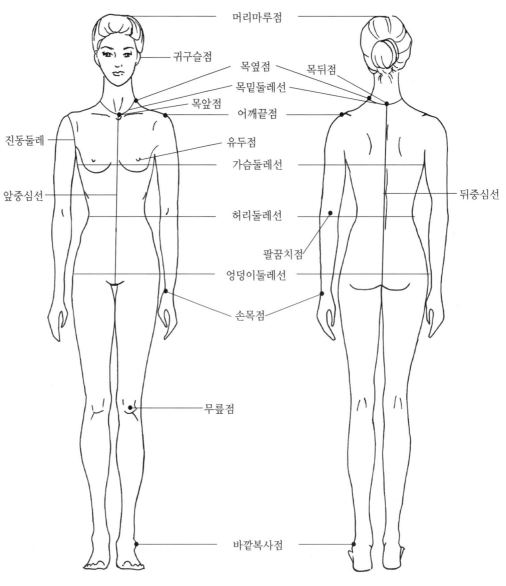

측정 기준점과 기준선

## 2) 측정 기준선

몸의 부위를 나누기 위해 정해진 선과 인체 부위의 최대, 최소의 길이를 표시하는 선, 의복의 구성상 중요시되는 선들을 기준선으로 정한다.

(1) 목밑둘레선(neck base circumference line) : 목뒤점과 목옆점, 목앞점을 지나는 곡선.

(2) 가슴둘레선(bust circumference line) : 유두점을 지나며 상반신에서 가장 큰 수평 둘레선.

(3) 어깨선(shoulder line) : 목옆점에서 어깨끝점을 잇는 선.

(4) 진동둘레선(armhole circumference line) : 겨드랑점과 어깨끝점을 지나는 자연스러운 곡선.

(5) 허리둘레선(waist circumference line) : 앞에서 볼 때 허리의 가장 가는 곳을 지나는 수평둘레선.

(6) 엉덩이둘레선(hip circumference line) : 앞에서 볼 때 엉덩이의 가장 큰 곳을 지나는 수평둘레선.

(7) 앞중심선(center front line) : 목앞점에서 정중선을 따라 수직으로 내려오는 선.

(8) 뒤중심선(center back line) : 목뒤점에서 정중선을 따라 수직으로 내려오는 선.

## 2. 인체측정실습

제대로 잰 인체 측정치는 의복을 제작하는 데 큰 도움이 된다. 반면 정확하지 못한 신체 측정치로는 잘못된 패턴 제도를 이끌어내고 결국 몸에 맞지도 않고 불편한 의복을 만드는 결과가 된다. 인체 측정방법을 잘 익히고 진지한 자세로 정확히 측정하도록 한다.

여러 가지 곡면으로 구성된 인체를 정확히 판단하려면 여러 가지 정밀한 측정 기구와 장비가 필요하다. 측정방법마다 장·단점이 있어 원하는 인체 정보의 성격과 주어진 여건에 따라 계측방법 및 계측 장비를 선택하게 된다. 그러나 일반적으로 패턴 제작을 위한 소규모 측정은 줄자를 이용한다.

### 1) 측정 용구

줄자, 허리 벨트(허리둘레, 엉덩이둘레용 표시용 고무줄), 접착식 라인 테이프(진동둘레 표시용), 수성 사인펜(피부 표시용), 직선자, 치수 기록표 등.

### 2) 준비와 자세

#### (1) 측정을 위한 복장

옷의 종류 및 용도에 맞는 복장을 갖춘다. 원형 제작을 위한 치수를 잴 때에는 기본적인 속옷 위에 얇은 속치마를 갖춰 입는다.

### (2) 측정 자세

① 선 자세 : 측정시의 기본적인 자세는 편안하게 선 자세로서, 허리를 자연스럽게 펴고, 머리는 곧게 세우며, 눈은 똑바로 앞을 쳐다본다. 양 발 뒤꿈치는 붙이고 발 앞쪽을 30° 정도 벌리고 서서, 팔은 자연스럽게 내려 손바닥이 몸의 옆쪽을 향하게 한다.

② 앉은 자세 : 허리를 자연스럽게 펴고 무릎을 붙인 상태에서 무릎의 굽힌 각도가 90° 정도 되도록 하고, 발이 땅에 닿도록 앉는다.

### (3) 기준점 및 기준선 표시

선 자세를 취한 상태에서 측정 기준점과 기준선의 위치를 표시한다. 표시할 부위와 측정자의 눈이 수평이 되도록 자세를 달리하며 수성 사인펜과 라인 테이프, 벨트 등으로 몸에 표시한다.

### (4) 치수재기

측정 부위와 측정자의 눈이 수평이 되도록 측정자가 자세를 달리하며 잰다. 호흡에 따른 치수의 차이가 많으므로, 모든 치수는 숨을 들이 마셨다가 자연스럽게 내 쉰 후, 잠깐 숨을 멈춘 상태에서 재도록 한다.

대부분의 치수는 앞에서 재는데, 팔, 다리 등과 같이 양쪽 부위가 있는 치수는 오른쪽 부위의 치수를 잰다.

## 3) 측정 항목 및 방법

### (1) 길이 항목

① 등길이 : 줄자의 시작점을 왼손으로 목뒤점에 대고, 뒤중심선을 따라 줄자를 자연스럽게 내려 허리둘레선까지의 길이를 잰다.

② 어깨길이 : 목옆점에서 어깨선을 따라 어깨 끝점까지의 길이를 오른쪽 뒤에서 잰다.

③ 어깨끝점 사이길이 : 한쪽 어깨끝점에 줄자의 시작점을 놓고 목뒤점을 지나 반대쪽 어깨끝점까지의 길이를 잰다.

④ 엉덩이길이 : 뒤 허리중심에서 엉덩이둘레선까지의 길이를 잰다.

⑤ 팔꿈치길이 : 팔꿈치를 직각으로 굽히고 선 자세에서, 오른쪽 어깨끝점으로부터 팔꿈치점까지의 길이를 잰다.

⑥ 소매길이 : 팔을 자연스럽게 내린 자세에서, 오른쪽 어깨끝점에서 팔꿈치점

을 지나 손목점까지의 길이로, 팔꿈치길이를 잰 후 줄자를 떼지 않고 연이어 팔꿈치점을 지나 손목점까지의 길이를 잰다.

⑦ 스커트길이 : 옆허리 중심에서 무릎뼈의 가운데 점 또는 원하는 스커트의 길이를 잰다.

⑧ 바지 길이 : 옆허리 중심에서 바깥 복사점까지의 길이, 또는 원하는 바지의 길이를 잰다.

⑨ 유두길이 : 목옆점에서 유두점까지의 길이를 자연스럽게 내려 잰다.

⑩ 밑위길이 : 앉은 자세를 취한 후, 옆 허리중심에서 의자 바닥면까지의 길이를 잰다.

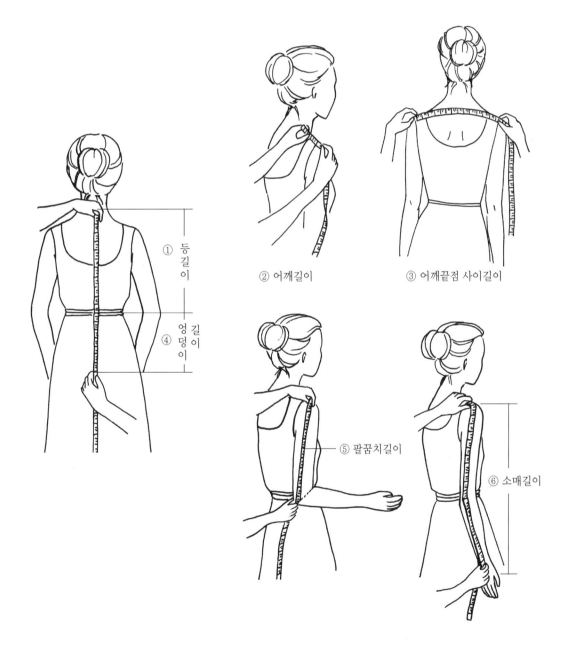

① 등길이
④ 엉덩이길이
② 어깨길이
③ 어깨끝점 사이길이
⑤ 팔꿈치길이
⑥ 소매길이

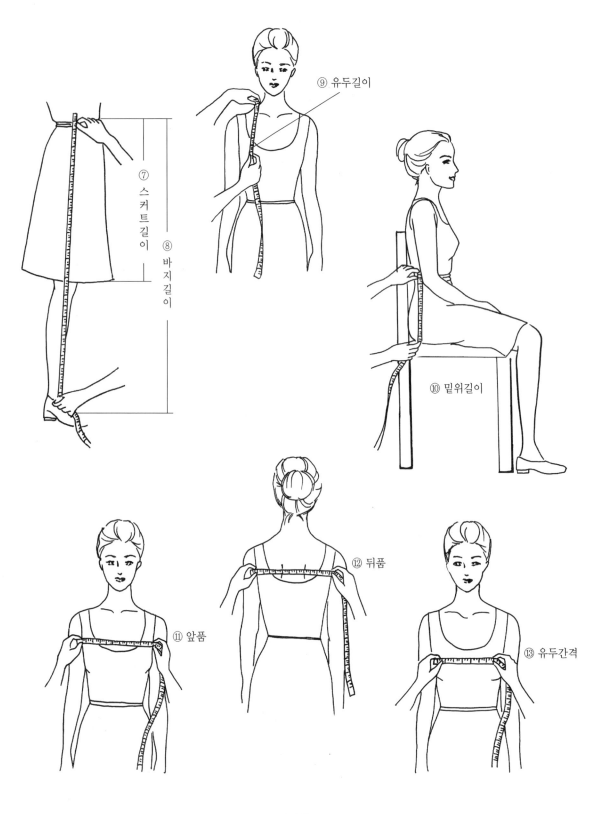

⑨ 유두길이

⑦ 스커트길이

⑧ 바지길이

⑩ 밑위길이

⑪ 앞품

⑫ 뒤품

⑬ 유두간격

길이항목

⑪ 앞품 : 양쪽 진동둘레선에서 어깨점과 앞겨드랑점의 중간지점 사이의 길이를 잰다.

⑫ 뒤품 : 양쪽 진동둘레선에서 어깨점과 뒤겨드랑점의 중간지점 사이의 길이를 잰다.

⑬ 유두간격 : 양쪽 젖꼭지점사이의 직선 길이를 잰다.

## (2) 둘레 항목

① 목밑둘레 : 목뒤점에 줄자의 시작점을 고정하고 목옆점, 목앞점을 지나는 둘레를 앞에서 잰다. 줄자의 눈금이 각 기준점에 닿도록 줄자를 약간 세워서 잰다

② 가슴둘레 : 뒤쪽에서 줄자가 늘어지지 않도록 주의하면서 유두점을 지나는 최대 수평 둘레를 잰다. 가슴이 쳐진 경우는 유두점을 지나지 않더라도 앞에서 가장 큰 둘레를 잰다.

③ 허리둘레 : 앞쪽에서 보아 허리의 가장 안쪽으로 들어간 위치에서의 수평 둘레로서 허리벨트로 표시한 위치를 잰다.

④ 엉덩이둘레 : 앞에서 보아 엉덩이의 가장 튀어나온 부분을 수평을 유지하며 그 둘레를 잰다.

⑤ 손목둘레 : 팔을 자연스럽게 내린 상태에서 손목점을 지나는 손목의 수평 둘레를 잰다.

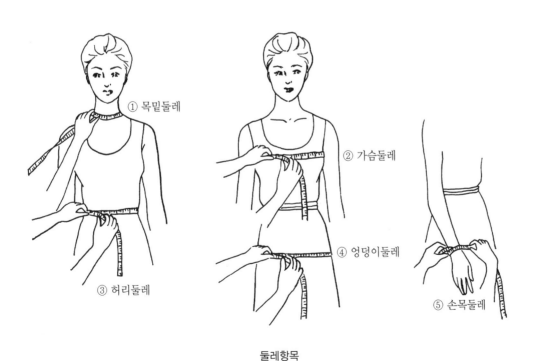

둘레항목

**치수항목표**

| 번호 | 길이항목 | 재는 위치 | 평균치수* | 개인치수 |
|------|----------|-----------|-----------|----------|
| 1 | 등길이 | 뒤 | 37.7cm | cm |
| 2 | 어깨끝점 사이길이 | 뒤 | 39.1cm | cm |
| 3 | 뒤품 | 뒤 | 35.3cm | cm |
| 4 | 엉덩이길이 | 뒤 | 20.1cm | cm |
| 5 | 어깨길이 | 오른쪽 뒤 | 13.0cm | cm |
| 6 | 팔꿈치길이 | 오른쪽 뒤 | 31.1cm | cm |
| 7 | 소매길이 | 오른쪽 뒤 | 51.1cm | cm |
| 8 | 손목둘레 | 오른쪽 옆 | 14.7cm | cm |
| 9 | 스커트 길이 | 오른쪽 옆 | | cm |
| 10 | 바지길이 | 오른쪽 옆 | 97.7cm | cm |
| 11 | 목밑둘레 | 앞 | 36.6cm | cm |
| 12 | 가슴둘레 | 앞 | 81.7cm | cm |
| 13 | 허리둘레 | 앞 | 65.6cm | cm |
| 14 | 엉덩이둘레 | 앞 | 89.2cm | cm |
| 15 | 앞품 | 앞 | 30.9cm | cm |
| 16 | 유두간격 | 앞 | 15.5cm | cm |
| 17 | 유두길이 | 오른쪽 앞 | 24.0cm | cm |
| 18 | 앞중심길이 | 앞 | 32.3cm | cm |
| 19 | 밑위길이 | 옆 | | cm |

\* 위 치수는 1997년 제4차 국민체위조사 결과의 18~24세 여성의 평균 치수이다.
　한국 표준과학 연구원(1997), 산업제품의 표준치 설정을 위한 국민표준체위조사 보고서, 국립기술 품질원.

# 제4장
## 제도의 시작

원형은 원통의 개념에서 시작한다. 2차원 평면인 천을 이용하여 인체에 가장 가깝게 만들 수 있는 입체는 원통 모양이다.

종이를 부분적으로 자르면 육면체, 원뿔 등의 전개도가 되고 여기에 서로 붙일 수 있는 여분을 두어 접착하면 의도한 입면체가 되듯이 평면의 천에 인체 모양을 따라 직선이나 곡선으로 그리고, 이에 서로 꿰맬 수 있는 여분(시접)을 넣어 재단한 후 봉제하면 우리 몸에 맞는 의복이 된다.

의복이 되기 전의 전개도 상태를 패턴이라 하며 이것은 주로 종이, 또는 광목(muslin)이라는 평직의 천에 제도된다. 의복을 만들기 위해 기본원형을 그리고, 이를 이용하여 의도한 패턴을 완성하는 모든 과정을 제도라 한다. 옷은 제도된 패턴으로 만들어지므로, 패턴은 치수가 정확하고 알맞아야 한다.


## 1. 제도의 준비

### 1) 패턴 제작에 필요한 도구들

패턴을 제도하기 전에 알맞은 제작 용구들을 마련하는 일이 우선되어야 한다. 적절한 용구들을 사용하면 패턴 제도를 훨씬 쉽고 또 정확하게 할 수 있다. 재단에 필요한 용구와 혼용되는 것이 많으므로 함께 알아보도록 하자.

### (1) 자

제도에는 여러 종류의 자가 사용된다. 우선 인체, 또는 드레스 폼의 치수를 잴 때 사용하는 테이프 모양의 **줄자(measuring tape)**가 필요하다. 직물, 비닐, 금속으로 만든 것이 있는 데 체표면을 따라 치수를 재는 데 유용하게 쓰인다.

제도를 위해서는 긴 직선을 긋는 데 사용하는 **직선자**, 직각선을 그릴 때 사용하

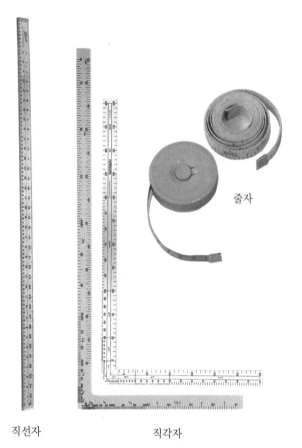

는 **직각자(tailor' s square)**가 있다. 나무, 플라스틱, 금속으로 된 것이 있는 데 어느 것이든 각도가 바르며 눈금이 정확하고 선명한 것이어야 한다.

**모눈자**는 길이 50cm, 폭 5cm의 투명한 플라스틱에 일정한 간격의 모눈이 그려져 있어 일정한 간격이나 시접선을 그을 때 편하다. 모눈자 중 **유연자 (flexible ruler)**인 것은 진동둘레 등의 곡선의 길이를 잴 데 구부려서 사용한다.

곡선을 그리기 위한 자로는 스커트나 바지의 옆선 등 완만한 곡선을 그리는 데 사용되는 **곡자 (curve ruler)**와 진동둘레선, 목둘레선을 그리는 데 사용하는 **암홀 곡자(French curve ruler)**, 앞뒤 목둘레의 곡선이 치수별로 되어 있어서 원형의 목둘레를 그릴 때에 편리한 **목둘레선 곡자 (neckline curve)**가 있다.

그 외 패턴의 축도에 사용되는 1/4, 1/5 축도로 눈금이 되어 있는 **축도자**가 있으며, **직각 이등변 삼각자**는 직각 또는 정 바이어스의 사선을 그을 때 사용한다

직선자                    직각자

줄자

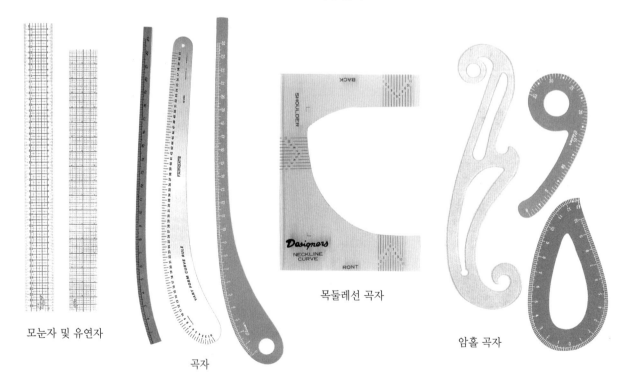

모눈자 및 유연자          곡자          목둘레선 곡자          암홀 곡자

### (2) 필기 용구

패턴을 그릴 때는 뾰족하게 깎은 **연필(HB)**과 잘 지워지는 **지우개(eraser)**를 사용하고 원형을 수정할 때에는 **색연필**을 사용한다. 빨강과 파랑 색연필은 앞, 뒤를 구분시켜 주어 편리하다. 옷감에 완성선을 표시할 때는 연필대신 초크를 사용하는 데 성분에 따라 **분말**과 **유성 쵸크(chalk)**가 있으며 모양에 따라 연필모양과 납작한 것이 있다.

### (3) 패턴 용지 및 천

제도 용지는 패턴의 종류에 따라 사용되는 종이의 종류와 두께가 다르다. 원형을 제도할 때는 두껍고 힘이 있는 **오크지(oak tag)**를 사용하나 시중에서 구입하기 쉬운 소포지(소포를 포장할 때 사용되는 종이)도 대체지로 우수하며 패턴의 활용을 위해서는 얇으면서도 잘 찢어지지 않는 **모조지**를 권한다. **광목(muslin)**은 입체 재단을 할 때 패턴의 입체감을 확인하고자 할 때, 종이 대신 사용한다.

### (4) 기타 도구

가위는 패턴 즉, 종이를 자르는 **종이 가위**와 천을 자르는 **재단 가위**를 구분하여 사용한다. 재단 가위는 가윗날의 길이가 20~28cm정도로 끝이 뾰족하고, 날 전체가 잘 들어야 하며, 손잡이가 쓰기에 편해야 한다. 올이 풀리지 않도록 톱니 모양으로 잘라 주는 **핑킹 가위**는 시접처리에 사용한다. **쪽가위**는 실을 자르는 데 유용하게 사용된다.

**핀**은 종이 또는 옷감을 일시적으로 고정하는 데 사용되며, 문구점에서 파는 핀과는 구별되는 가늘고 긴 **실크 핀**을 사용한다.

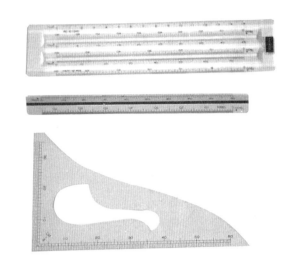

축도자

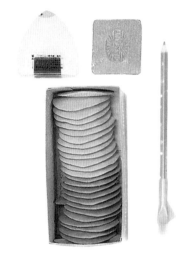

쵸크

제도지와 광목

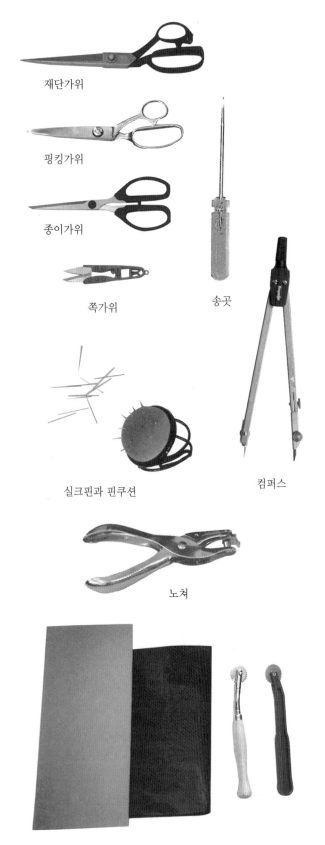

재단가위

핑킹가위

종이가위

쪽가위

송곳

실크핀과 핀쿠션

컴퍼스

노쳐

카본페이퍼와 트레이싱 휠

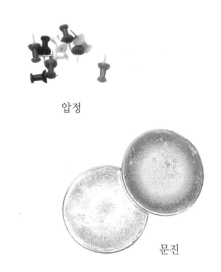

압정

문진

패턴, 옷감을 재단대에 고정하거나 패턴의 한 점을 고정한 후, 회전시킬 때 **압정**을 사용하며 다트, 단추 위치 등 옷감 안의 어떤 점을 표시할 때, 안감의 완성선을 표시할 때 **송곳**을 사용한다.

**노쳐(notcher)**는 함께 봉합되는 위치 등을 천의 시접이나 패턴에 표시하는 도구이나 노쳐 없이 가위로 자국을 내어 사용한다.

**트레이싱 휠(tracing wheel)**은 룰렛이라고도 하는 데 같은 모양의 윤곽선을 복사할 때 **카본 페이퍼(carbon paper)**와 함께 사용한다. **컴퍼스**는 다트 등 같은 길이에 해당되는 지점을 찾는 데 사용한다. 그 밖에 패턴, 또는 옷감이 움직이지 않도록 고정시키는 **문진**이 있다.

직물 및 봉제부품상가에서는 편리하고 유용한 여러 가지 제도 용품들을 판매하고 있다. 시장 조사를 통해 자신에게 맞는 용구들을 구입하는 것은 자기 물건에 대한 애착을 갖게 할 뿐 아니라 제도를 쉽게 하여 흥미를 이끌어 낸다. 틈이 나는 대로 여러 곳을 둘러보고 자신만의 용구를 구비하도록 하자.

## 2) 제도에 사용되는 용어와 부호 이해하기

앞서 설명한 것과 같이 패턴이란 약속된 기호와 부호로 제도한 옷의 설계도면이다. 그러므로 패턴을 제도하기 위해서는 모두가 공통으로 사용하는 약속된 용어와 약자, 기호 등을 이해할 필요가 있다.

### (1) 제도에 필요한 약자

패턴에 필요한 부위 및 위치의 표시를 할 때 일일이 명칭을 써 주는 것보다는 정해진 약자(symbol key)를 써주는 것이 간편하고 보기에도 쉽다. 패턴마다 많은 약자가 있으나 모든 패턴에 공통되게 사용되는 약자는 아래와 같다.

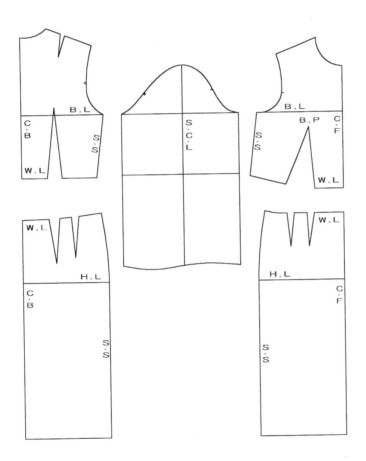

| 세로선 | 가로선 |
|---|---|
| C.B : Center Back, 뒤중심 | B.L. : Bust Line, 가슴둘레선 |
| C.F : Center Front, 앞중심 | W.L : Waist Line, 허리둘레선 |
| S.S : Side Seam, 옆선 | H.L : Hip Line, 엉덩이둘레선 |
| SCL : Sleeve Center Line, 소매중심선 | |
| 점 | |
| B.P : Bust Point, 유두점 | |

## (2) 제도에 필요한 표시 기호

의류 패턴의 표시 기호는 한국 산업규격(K 0027)으로 규정되어 있다. 많은 기호가 있으나 패턴 제작시 많이 이용하는 기호에 대해서만 설명하였다. 이러한 기호는 반드시 지켜 패턴을 제도해야한다.

**제도에 사용되는 부호**

| | | | |
|---|---|---|---|
| ———————— | 완성선 | ⏀ | 맞춤표시 |
| ————————<br>- - - - - - - - - | 기초선<br>안내선 | ⋁ | 다트표시 |
| – – – – – – – | 곬선 | ↓ ↓  ∴ | 곬표시 |
| –·–·–·–· | 안단선 | ⨯ | 교차선표시 |
| – – – – – | 꺾임선 | ⌇⌇⌇ | 오그림표시 |
| ≍ | 등분표시 | ⌃ | 늘림표시 |
| ←————→ | 올방향선 | ⌒ | 줄임표시 |
| ⊦ ⊹ ⊣ | 너치(Notch) | ▨ | 외주름 |
| ⨯ | 바이어스 | ▨ | 맞주름 |
| ⌐ | 직각표시 | ⧑ | 같은 길이표시 |

## 3) 원형 제작의 원리

종이에 제도한 원형은 천을 재단하기 위한 중간 매체일 뿐이다. 천은 종이와 같은 2차원 평면을 갖지만 종이보다 훨씬 유연하므로 구성을 통해 곡선을 가진 3차원 형태로 만들 수 있다.

원형의 제작 원리는 평면적인 천으로부터 인체를 제외하고 남는 부분을 없애 가는 방법으로 시작한다. 패턴을 제작하는 데는 다음과 같은 기본적인 공식이 있다.

### (1) 기초 평면 설정

인체 상반신의 몸통 부분만 평면적인 천을 이용하여 원통모양으로 꼭 맞게 둘러 싸주었다고 가정하자. 얼마만큼의 폭과 길이가 필요할까?

최초의 기초선은 주로 **최대 폭**과 **최대 길이**로 시작한다. 상반신의 최대폭은 어디일까? 아마도 정상 체형의 경우 가슴둘레를 지나는 선일 것이다. 상반신의 최대 길이는 등길이로 잡는다. 스커트의 최대 폭은 엉덩이둘레이며 최대 길이는 스커트길이이다.

일반적으로 길이는 원래의 치수 그대로를 사용한다. 여러 가지 이유가 있을 수 있다. 우선 길이 방향으로는 옷이 뚫려 있으므로 크게 문제되지 않는다.

그러나 가로 방향은 동작에 따라 옷의 구속이 심한 부위여서 대개는 여유분을 넣는다. 팔의 움직임 등 비교적 동작량이 많은 가슴둘레에는 보다 많은 여유분을 넣는다.

### (2) 외곽선의 설정

인체의 앞면 그림에서 볼 수 있듯이 평면의 천 그대로를 적용하기에는 여러 부분에서 필요 없는 여유가 있다. 길 원형에서는 어깨와 옆선에서, 스커트 원형에서는 옆선에서 남는 부분을 삭제하면 우리가 제작하는 패턴의 모습이 된다.

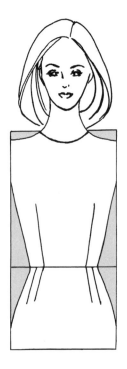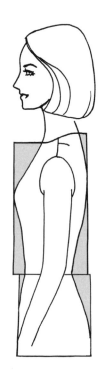

### (3) 다트의 설정

인체의 옆면 그림을 살펴보면 외곽에서만 여유를 없애준 것으로는 꼭 맞는 (fitted) 의복을 제작하기엔 부족한 것을 알 수 있다.

우리 몸에서 돌출된 가슴과 등뼈, 배와 엉덩이에 천이 닿으면서 허리와 어깨로 향한 여유분이 남게 된다. 이것은 **다트**를 이용하여 없애주며 그 모양은 마치 쐐기와 같다. 즉 입체적인 인체에 평면의 천을 걸쳤을 경우에 생기는 여유분을 몸에 맞도록 처리하여 입체화시키는 것이 다트이다.

## 2. 원형의 제도

우리 몸은 좌우가 완전히 같지는 않다. 그러나 특수한 의복을 제외하고는 좌우 같은 치수로 제작한다. 좌우 대칭인 의복이 자연스럽고 보기 좋다. 만일 한쪽 어깨가 쳐졌거나 양쪽 젖가슴이 다르다고 하여도 의복이 왜곡된 신체를 그대로 나타내기보다는 가리고 보완해 주어야 한다. 그래서 패턴은 특별한 경우를 제외하고는 앞뒤 반만 제도한다.

우리 몸을 앞·뒤, 좌·우로 나누어 제도하기 때문에 이등분과 사등분의 개념이 많이 나온다. 그런 이유에서 인치 단위의 사용을 고집하는 패턴사들도 종종 있다. 어떤 수를 반으로 나누고, 또 반 나누는 것이 소숫점을 사용하는 십진법의 개념보다 패턴에 적절할지도 모른다. 그러나 미터법, 즉 cm의 사용은 세계적인 추세이므로 처음부터 cm단위를 사용하여 패턴을 제작하도록 하고 그 것이 인치로는 어느 정도의 값을 갖는지 알아두는 것도 필요하다.

B/2+4, W/2+2, H/2+2 등에서 가슴둘레나 허리둘레, 엉덩이둘레 등을 둘로 나눈 것은 앞, 뒤판을 함께 그릴 때 사용하는 수치이다. 또 W/4, H/4 등의 표현은 한 개(piece, block)의 패턴에서 주로 표현되는 공식이다.

여성복의 원형은 앞, 뒤길과 소매, 앞, 뒤 스커트의 5개로 이것을 봉제하면 기본 드레스(basic dress)가 된다.

## 1) 길 원형

길 원형은 구간부 중 목둘레선에서 허리선까지를 커버하며 소매를 달 수 있도록 설계된 기본 패턴이다. 몸통은 목둘레선에서 엉덩이 부분까지 포함되나 허리를 경계로 상반신과 하반신은 매우 모양이 달라 하나의 패턴으로 구성하기에는 한계가 있다. 기준치수를 이용하여 패턴을 제도하고 다음 자신의 치수로 제작하여 가봉해 보자.

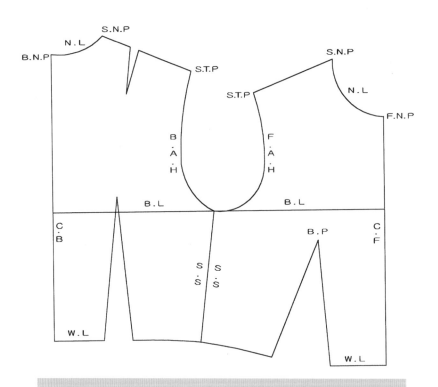

C.F : Center Front, 앞 중심
C.B : Center Back, 뒤 중심
S.S : Side Seam, 옆선
B.L : Bust Line, 가슴둘레선
W.L : Waist Line, 허리둘레선
A.H : Armhole, 진동둘레선
B.P : Bust Point, 유두점
S.T.P : Shoulder Tip Point, 어깨끝점
B.N.P. : Back Neck Point, 목뒤점
S.N.P. : Side Neck Point, 목옆점
F.N.P. : Front Neck Point, 목앞점
N.L : Neck Line, 목둘레선

제도 치수

가슴둘레선(AA′) : B/2+4

진동깊이(AC) : B/4

뒤품(CE) : B/6+4

앞품(C′E′) : B/6+2.5

목뒤폭(AF) : B/20+3

| 필요치수 | 기준치수 | 본인치수 |
|---|---|---|
| 등길이 | 38cm | cm |
| 앞중심길이 | 32cm | cm |
| 가슴둘레 | 84cm | cm |
| 허리둘레 | 66cm | cm |

## (1) 기초선 그리기

① 기초 사각형(AA′BB′) :

가로길이(AA′)를 B/2+4cm, 세로길이(AB)를 등길이로 하는 사각형을 그린다.

가로 길이는 패턴의 품을 결정하는 값으로, 4cm는 호흡과 여러 가지 동작에 필요한 최소한의 여유분이다. 가슴둘레에는 총 8cm의 여유량을 갖게 된다.

② 가슴둘레선(CC′) :

A에서 세로로 B/4 내린 위치에 AA′와 평행한 선을 긋는다.

이 선은 진동깊이를 정하는 선으로 편의상 가슴둘레선이라 하나 실제 유두점이 있는 가슴둘레선보다 위에 있다. 진동깊이는 가슴둘레의 치수에 크게 영향을 받으므로 개인의 체형에 맞는 보정과정이 필요하다

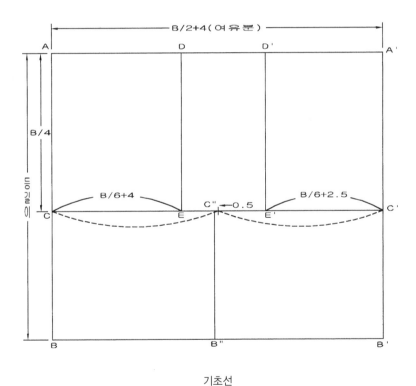

기초선

③ 옆선(C″B″) :

CC′를 이등분한 후 뒤쪽으로 0.5cm 이동한 점 C″서 BB′에 수선을 내린다.

우리 몸의 옆선은 앞뒤를 이등분하지 않는다. 몸의 굴곡을 따라 비스듬하며 옆선을 기준으로 앞, 뒤의 폭을 재어 보면 앞이 뒤보다 약간 큰 것을 알 수 있다. 그러므로 패턴 제작시 앞, 뒤차를 고려해 준다.

④ 뒤품선(DE) :

A에서 B/6+4cm되는 점D를 잡아 CC′에 수선을 긋는다.

⑤ 앞품선(D′E′) :

B/6+2.5cm되는 점D′를 잡아 CC′에 수선을 긋는다.

앞은 오목하게 들어간데 반해, 뒤는 등뼈가 튀어나와 둥근 모양을 하므로 앞품보다 뒤품이 크다. 또 몸의 동작을 고려해도 앞품보다는 뒤품이 늘어날 경우가 많아 뒤품에 여유를 준다.

## (2) 윤곽선

### 뒤길

① 목둘레선(AG) :

ⓐ A에서 B/20+3cm되는 점 F(목뒤폭)을 표시한다.

ⓑ F에서 AF/3만큼 수선을 올린 점 G를 정한다.

ⓒ AF의 1/3점을 지나는 곡선AG를 프랜치 곡자로 그린다.

② 어깨선(GI) :

ⓐ D에서 GF만큼 내려간 점 H를 정한다.

ⓑ H에서 DE와 수직으로 1.5cm 바깥으로 나간 점 I를 표시한다.

ⓒ G와 I를 직선으로 연결한다. 어깨선은 개인차가 많은 부위로 보정이 필요하다.

③ 진동둘레선(IJKC″) :

ⓐ HE를 이등분한 점 J를 정한다.

ⓑ E에서 약 45°로 EC″/2+0.5cm만큼 사선을 그어 점 K를 정한다.

ⓒ 프렌치 곡자를 두 번에 나누어 I, J, K, C″를 지나는 곡선을 그린다.

이때 점 J에서 약 2cm 아래까지 거의 직선에 가까운 선을 그리며 자연스러운 곡선이 되도록 한다.

④ 옆선(C″L) :

B″에서 2cm 뒤쪽으로 이동한 점L을 잡아 C″L을 직선으로 연결한다.

### 앞길

① 목둘레선(G′A″) :

ⓐ A′에서 AF−0.2cm(B/20+2.8cm)되는 점 F′(목앞폭)를 표시한다.

ⓑ 가로(A′F′)를 AF−0.2cm, 세로(A′A″)를 AF+1.5cm되는 사각형 A′F′F″A″를 그린다.

ⓒ F″로부터 F″A′를 2등분한 분량만큼 45°사선으로 올린 점 G″를 표시한다.

ⓓ F′로부터 1cm 내려온 점 G′와 G″, A″를 지나는 곡선을 프렌치 커브로 자연스럽게 그려준
  다. 이 때 점 A″에서 직각으로 선이 끝나야 한다.

② 어깨선(G′I′) :

ⓐ D′에서 2GF만큼 수선을 내린 점 H′를 표시한다.

ⓑ G′로부터 점H′를 지나는 연장선에서 뒤어깨선보다 1.5cm적은 위치I′를 표시한다.

ⓒ G′와 점I′를 잇는다.

③ 진동둘레선(I′J′K′C″) :

ⓐ H′E′을 이등분한 점 J′를 정한다.

ⓑ E′에서 약 45°로 C″E′/2만큼 사선을 그어 점 K′를 정한다.

ⓒ 프렌치 곡자를 이용하여 두 번에 나누어 I′J′K′C″를 지나는 곡선을 그린다.

이때 점 J′에서 약 2cm 아래까지 거의 직선에 가까운 선을 그리며 자연스러운
곡선이 되도록 한다.

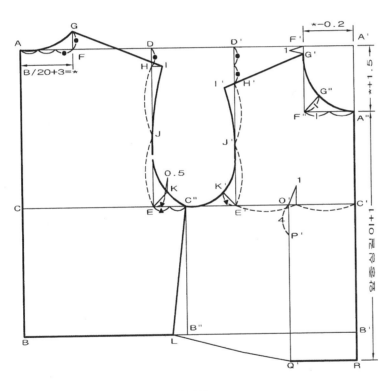

윤곽선

④ B.P(P′) :

ⓐ E′C′를 이등분한 점에서 1cm 옆선쪽으로 이동한 점 O′를 정한다.

ⓑ O′에서 아래로 4cm 수선을 내려 B.P.(P′)를 표시한다.

⑤ 앞처짐(B′R) :

ⓐ A″에서 앞중심선을 따라 앞중심길이+1cm만큼 내려온 점 R을 정한다.

ⓑ R에서 BB′와 평행한 선과 O′에서 A′R에 아래로 평행한 선을 그어 만나는 교점Q′를 정한다.

앞처짐분은 가슴볼륨으로 모자라는 길이를 내려 줌으로써, 앞이 들어올려지지 않고 밑단(주로 허리둘레선)에서 수평을 이루기 위한 분량이다.

그래서 앞처짐은 모두에게 일정하지는 않다. 성인 여성과 같이 가슴이 돌출된 체형, 임부나, 비만 체형, 아동과 같이 배가 많이 나오고 그로 인해 자세가 뒤로 젖혀진 체형은 앞처짐분을 더해 주어야 한다. 이에 반해 가슴이 밋밋한 성인 남성이나 몸이 앞으로 숙인 체형에서는 앞처짐 분량이 적거나 없기도 한다.

### (3) 다트 및 완성선

길 원형은 가슴둘레 치수로 제도하기 때문에 허리에는 많은 여분이 생긴다. 그러므로 옷을 몸에 맞게 하려면 가슴둘레와 허리둘레의 차를 다트로 잡아 없애준다.

### 뒤길

① 뒤 허리다트(MPN) :

ⓐ CE를 이등분한 점에서 2cm 수선을 그어 올린 점 P를 표시한다

ⓑ P에서 BL에 수선(PQ)을 내린다.

ⓒ BL에서 W/4-0.5cm(앞뒤의 차)+0.5cm(여유분)를 뺀 값을 다트량으로 정해 점 Q에서 다트량을 양쪽으로 나눈 점(각각 M, N)을 표시한다.

ⓓ M과 P, N을 이어 이등변 삼각형모양의 다트선을 그린다.

양쪽 다트선은 함께 봉제되므로 길이가 항상 같아야 한다.

② 뒤 어깨 다트(STU) :

ⓐ 어깨선 GI에 다트선 MP의 연장선을 그어 만나는 점S를 표시한다.

ⓑ SP선상에 S로부터 6cm내린 점 T를 다트 중심점으로 정한다.

ⓒ 다트 폭을 1.2cm로 하는 점 U를 정하여 다트선 STU를 그린다.

이때 ST와 TU가 같은 길이가 되도록 TU를 조정한다.

**앞길**

① 앞 허리다트(M′P′N′) :

ⓐ Q′에서 1.5cm 중심으로 이동한 점 M′를 정한다.

ⓑ P′와 M′을 연결한다. 이것이 중심쪽 다트선이다.

ⓒ 컴퍼스를 이용하여 P′를 중심으로 반지름이 다트 길이(P′M′)인 호를 허리선의 외곽선 근처에 그린다.

ⓓ 허리옆점 L을 중심으로 하는 또 다른 호를 그린다. 반지름은〔W/4+0.5cm(앞뒤의 차)+0.5cm(여유분)-M′R〕이다.

ⓔ 두 개의 호가 만나는 교점(N)에서 각각 P′와 L을 연결한다.

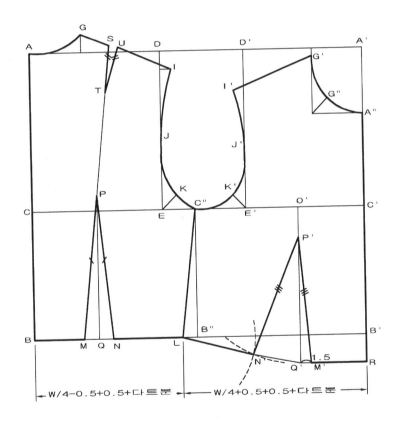

완성선

즉, 정해진 패턴의 허리 치수에서 다트 앞쪽에 있는 치수를 제외한 나머지를 잡은 것이다. 다트의 양쪽 선의 길이는 항상 같도록 일치시킨다. 이상적인 형태는 다트 중심선을 그은 후 양쪽으로 반 씩 다트량을 잡아 이등변 삼각형을 그려 주면 되지만 실제로 다트 중심선은 아무 역할을 하지 않는다. 인체 중심에 가까운 다트선이 다트의 모양을 잡아 주기 때문에 중심쪽 다트선의 형태를 잡는 것이 더욱 중요하다.

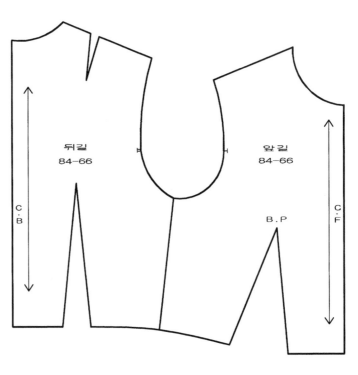

완성된 길원형

## 2) 스커트 원형

스커트는 하반신, 즉 몸통 아래와 다리를 감싸는 의복으로 길원형에 비해 제도 법이 비교적 간단하다. 다트가 있는 스트레이트형 스커트를 원형으로 제작하는 데, 옆선과 다트의 모양이 중요하다.

스커트 제작시 호흡과 식사에 필요한 허리둘레의 여유와 의자, 또는 바닥에 앉 거나 구부릴 때 필요한 엉덩이둘레의 여유, 걷고 계단을 오르 내리거나 기타 필 요한 동작에 요구되는 스커트 단의 여유 등을 고려하여야 한다. 좁은 스커트에는 단에 주름이나 트임(slit)을 주어 동작에 불편이 없도록 한다.

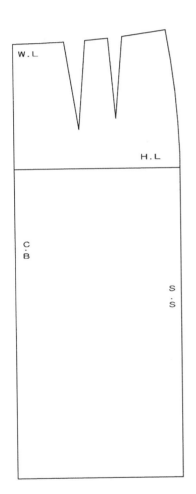
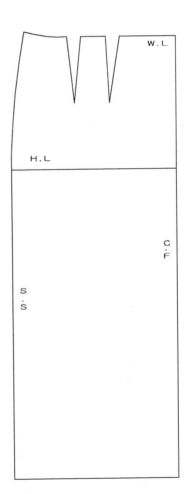

W.L. : Waist Line, 허리둘레선     S.S. : Side Seam, 옆선
H.L. : Hip Line, 엉덩이둘레선     C.F.L. : Center Front Line, 앞 중심선
                                            C.B.L. : Center Back Line, 뒤 중심선

## (1) 기초선

<table>
<tr><td rowspan="5">제도 치수<br><br>엉덩이둘레선(AA′) : H/2+2<br><br>앞허리선(A′∼F′) : W/4+0.5+0.5+다트분<br><br>뒤허리선(A∼F) : W/4−0.5+0.5+다트분</td></tr>
</table>

| 필요치수 | 기준치수 | 본인치수 |
|---|---|---|
| 허리둘레 | 66cm | cm |
| 엉덩이둘레 | 90cm | cm |
| 엉덩이길이 | 18cm | cm |
| 스커트길이 | 60cm | cm |

① 기초 사각(AA′BB′) :

가로(AA′)를 H/2+2cm, 세로(AB)를 스커트 길이로 하는 사각형를 그린다.

전체적으로 4cm의 여유분이 엉덩이둘레에 생기며 이는 의자, 또는 바닥에 앉는 데 필요한 최소한의 여유분이다.

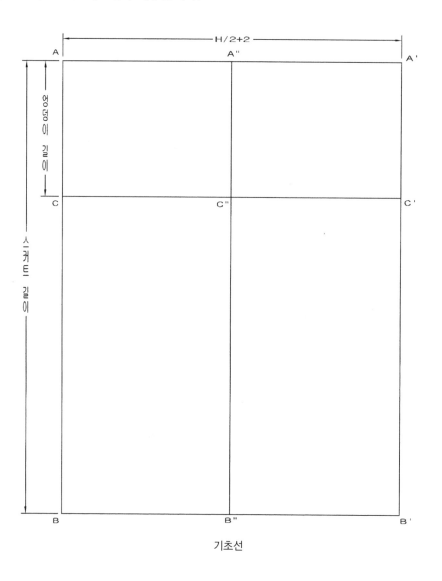

기초선

② 엉덩이둘레선(CC′) :

A로부터 18cm내려 가로선을 긋는다.

이는 엉덩이의 가장 돌출된 부분이 아니라 앞에서 보아 가장 굵은 부분이다.

③ 옆선(A″B″) :

AA′의 중심에서 AB와 평행한 세로선을 긋는다.

엉덩이 부위에는 앞뒤차를 주지 않는다. 앞뒤차를 주면 돌출된 엉덩이로 인해 옆선이 뒤로 돌아가게 된다.

### (2) 윤곽선

윤곽선은 편의상 앞판부터 제도한다.

### 앞판

① 허리선(A′~F) :

ⓐ A′로부터 A′A″ 선상에 W/4+0.5(여유분)+0.5cm(앞뒤의 차)가 되는 점 D′를 잡고 나머지를 3등분 하여 $\frac{2}{3}$점을 E′이라 한다.

ⓑ E′에서 0.7cm 올려진 점F′와 A′를 곡자를 이용하여 자연스럽게 연결한다.

② 옆선(F′C″B″) :

F′와 C″를 곡자를 이용하여 옆선을 둥글린다.

이 때 C″에서 2~3cm 올라간 점에서 곡선이 거의 끝나도록 연결한다.

### 뒤판

① 허리선(G~F) :

ⓐ A″E′와 동일한 양을 잡은 점 E를 정한다.

ⓑ E에서 0.7cm 올린 점F와 A에서 1cm 내린 점G를 잡아 뒤중심선과 허리선이 직각을 이루게 하면서 F와 G를 곡자를 이용하여 자연스럽게 연결한다.

인체의 허리선은 직선이 아니므로 패턴에서 둥글려 주어야 입체를 형성하였을 때 수평면상이 된다. 둥글리는 분량은 앞보다 뒤가 더 많은 데 그 이유는 허리 뒤쪽이 더 움푹 들어갔기 때문이다.

② 뒤옆선(FC″B″) :

F와 C″를 곡자를 이용하여 옆선을 둥글린다.

이 때 C″에서 2~3cm 올라간 점에서 곡선이 거의 끝나도록 연결한다. 옆선의 모양은 앞, 뒤 동일하게 그려주며 치수도 일치하도록 한다.

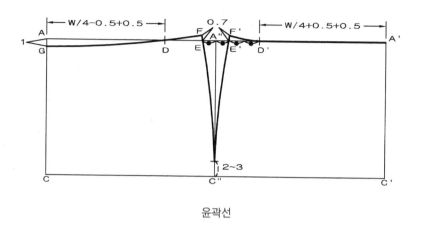

윤곽선

### (3) 다트 및 완성선

스커트의 다트는 배와 엉덩이의 돌출된 부위로 인해 허리에 생긴 여분을 인체의 곡선에 맞추어 처리한 것이다. 즉 허리둘레와 엉덩이둘레의 차에서 생기는 여분을 처리하기 위해 다트를 만든다. 따라서 허리둘레와 엉덩이둘레의 차가 클수록 다트량이 많아진다. 다트량이 적으면, 다트를 나누지 않고 한 개로 잡는다.

다트의 길이에 따라 스커트의 모양이 달리 보인다. 다트의 위치는 체형과 디자인을 고려하여 배와 엉덩이의 가장 튀어나온 부분을 향하게 한다.

앞, 뒤 허리의 모양을 살펴 보면 허리 앞쪽은 배가 나와 중심부분이 약간 볼록하나 뒤쪽은 엉덩이까지 많이 패어 있는 것을 알 수 있다. 그러므로 앞 다트는 짧고 다트량이 적으며 중심을 피해 있는데 비해, 뒤다트는 길고 다트량이 많으며 앞 다트보다 중심쪽에서 시작한다.

### 뒤다트

뒤 허리둘레선 AF에서 W/4+0.5-0.5cm를 뺀 치수를 뒤다트 분량으로 한다. 뒤 중심이 움푹 파여 있어 중심쪽 다트가 길고 다트량이 많은 것이 자연스럽다.

① 중심쪽 다트(HIJ)
ⓐ 허리선을 3등분한 후 1/3점(H)을 다트 시작점으로 정한다.
ⓑ 뒤다트분/2+0.5cm를 다트분량으로 하여 허리선에 다트위치(J)를 표시한다.
ⓒ HJ의 중심으로부터 AA′에 수선인 다트 중심선을 12cm 내리고 끝점에서 0.5cm 옆선쪽으로 이동하여 다트 끝점 I를 정한다.
ⓓ HIJ를 허리선까지만 연결하여 그린다.

② 옆선쪽 다트(KLM)

ⓐ 허리선의 2/3점으로부터 AA´에 수선인 다트 중심선을 11cm 내린 다트 끝점 N을 정한다.

ⓑ 다트 중심선에서 남은 다트량(뒤다트분량/2−0.5cm)을 양쪽(K, M)으로 나누어 잡고, KLM
을 허리선까지만 연결하여 그린다.


## 앞다트

앞 허리둘레선 A´F´에서 W/4+0.5+0.5cm를 뺀 치수를 앞다트 분량으로 한다.

① 중심쪽 다트(H´I´J´)

ⓐ A´에서 뒤중심 다트선까지의 치수를 ▲로 할 때, 앞중심 다트 시작점(H´)은 A´에서 ▲+1∼
1.5cm 떨어진 곳으로 정한다.

ⓑ 앞다트분/2을 다트분량으로 하여 허리선에 다트위치(J´)를 표시한다.

ⓒ H´J´의 중심으로부터 AA´에 수선인 다트 중심선을 9cm 내리고 끝점에서 0.5cm 옆선쪽으
로 이동하여 다트 끝점 I´를 정한다.

ⓓ H´I´J´를 허리선까지만 연결하여 그린다.

② 옆선쪽 다트(KLM)

ⓐ E´에서 ▲−1cm가 되는 점에서 AA´에 수선인 다트 중심선을 9cm 내려 다트 끝점 L´를 정
한다.

ⓑ 다트중심선에서 앞다트분/2을 양쪽으로 나누어 잡고(K´, M´), K´L´M´를 허리선까지만 연결
하여 그린다.

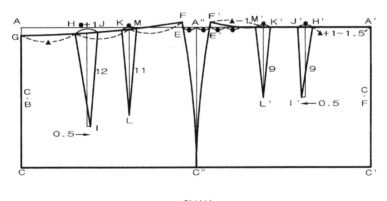

완성선

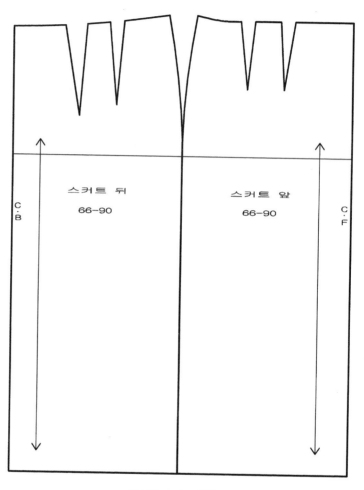

스커트 뒤
66-90

스커트 앞
66-90

C·B

C·F

완성된 스커트 원형

## 3) 소매 원형

소매는 길에 달려 팔을 감싸므로 패턴뿐 아니라 길과 소매의 봉합상태에 따라 모양과 기능이 좌우된다. 보기 좋고 활동하기 편한 소매를 제작하려면 길원형의 진동둘레와 소매둘레의 모양에 주의를 기울여야 한다.

소매는 긴 원기둥과 같은 모양이나 팔의 길이는 바깥쪽이 안쪽보다 길고, 팔꿈치에서 손목에 이르면서 점차 가늘어진다. 팔꿈치를 굽힐 때 필요한 여유분을 주기 위하여 좁은 소매에는 팔꿈치에 다트를 만들어 준다.

어깨에 팔이 연결된 관절 부분이 둥그런 모양이므로, 소매가 이 부분의 곡선에 알맞게 달리려면 소매산에 약간의 여유분(ease)이 필요하다. 소매산의 앞·뒤 곡선에는 큰 차이는 없으나 뒤쪽의 곡선이 앞보다 완만하다.

소매 원형 제도에 사용되는 치수 중 진동둘레는 인체에서 직접 재지 않고 길 원형의 앞뒤 진동둘레에 줄자나 유연자를 세워서 잰다. 이 치수는 실제 인체의 진동둘레 치수보다 약 4cm 정도 길다. 만일, 이 치수가 부족하거나 클 경우에는 진동깊이, 즉 길원형의 가슴둘레선(B.L.)을 상하로 조절하여 가감한다. 진동둘레 치수는 앞 진동둘레, 뒤 진동둘레를 따로 재어 놓는다.

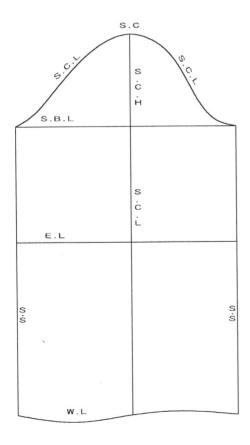

| | |
|---|---|
| S.C. | : Sleeve Cap, 소매산 |
| S.C.H | : Sleeve Cap Height, 소매산 높이 |
| S.B.L | : Sleeve Biceps Line, 소매폭선 |
| S.C.L | : Sleeve Center Line, 소매 중심선 |
| E.L. | : Elbow Line, 팔꿈치선 |
| W.L. | : Wrist Line, 소매부리선 |
| S.C.L | : Sleeve Cap Line, 소매산 둘레 |
| S.S | : Sleeve-Seam, 소매 배래선 |

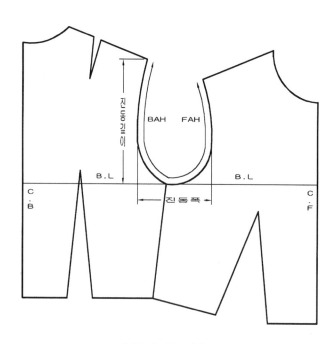

진동둘레 치수 재기

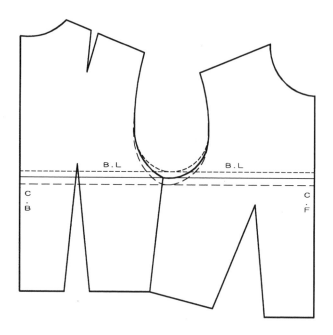

진동둘레 치수 조절

## (1) 기초선

<table>
<tr><td rowspan="4">제도 치수<br><br>소매산(AC) : A.H/4+3cm<br><br>팔꿈치길이(AD) : 팔길이/2+2.5~3cm</td></tr>
</table>

| 필요치수 | 기준치수 | 본인치수 |
|---|---|---|
| 앞진동둘레 | 20cm | cm |
| 뒤진동둘레 | 21cm | cm |
| 소매길이 | 54cm | cm |

① 소매길이(AB) :

소매길이만큼 세로선(AB)을 긋는다.

② 소매폭선(C′ C″) :

ⓐ AC가 A.H/4+3cm가 되도록 소매산높이를 정하고, C를 지나 AB에 직각인 선을 긋는다.

ⓑ 뒤소매폭(CC′) : 컴퍼스를 이용하여 AC′가 뒤진동둘레선+0.5cm의 길이가 되도록 점C′를 정한다.

일반적으로 소매뒤쪽에 여유분이 필요하고, 또 뒤소매둘레의 곡선이 완만하여 소매둘레가 줄어들므로 뒤소매둘레에 0.5~1cm의 여유분을 가산한다.

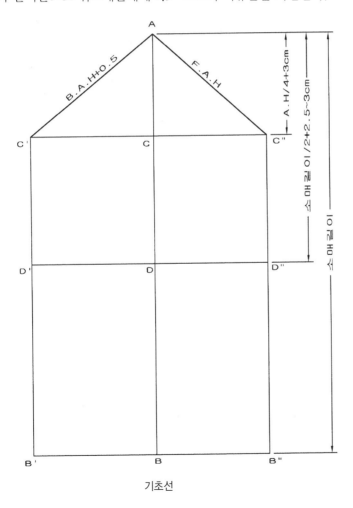

기초선

ⓒ 앞소매폭(CC″) : 같은 방법으로 AC″앞 진동둘레선의 길이가 되도록 점C″를 정한다.

ⓓ 앞. 뒤 소매산 사선 AC′와 AC″를 잇는다.

③ 소매밑선(C′B′, C″B″)

C′와 C″에서 CB와 평행한선을 긋는다.

④ 팔꿈치선(D′D″)

A에서 팔꿈치길이(AB/2 +2.5~3cm)가 되는 점D를 구하고, D에서 AB에 직각이 되는 팔꿈치선 D′D″를 긋는다.

⑤ 소매부리선(B′B″)

소매 길이가 되는 위치 B에서 소매부리선 B′B″를 긋는다.

## (2) 윤곽선(스트레이트형 완성선)

① 소매 둘레선(C′~A~C″)

ⓐ 뒤소매둘레(A~E~F~G~C′) :

AC′를 4등분한 후 A로부터 1/4 점에서 1.5cm 올라간 점(E), 3/4점(F), C′로부터 1/8점에서 0.5cm 내린 점(G)을 지나는 뒤 소매둘레 곡선을 프렌치 커브를 이용하여 그림과 같이 그린다.

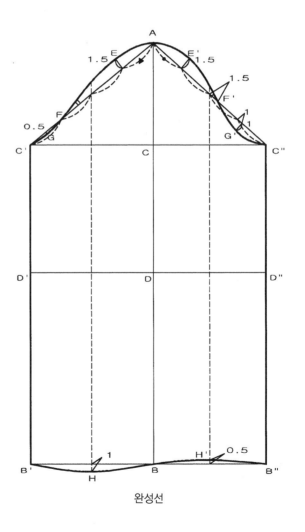

완성선

ⓑ 앞소매둘레(A~E′~F′~G′~C″) :

AC″의 1/4 지점에서 1.5cm 올라간 점(E′), AC″/2+1.5cm되는 점(F′), 3/4+1cm되는 점에서 1cm 내려간 지점(G′)을 지나는 앞 소매둘레 곡선을 프렌치 커브를 이용하여 그림과 같이 그린다.

소매둘레는 진동둘레의 모양과 같이 앞이 패이고 뒤는 둥근 형태가 되며 진동둘레보다 약 1.5~2.5cm 정도 길다. 이 차이를 이즈(ease)라 하며 어깨에 달린 팔의 둥근 모양을 감싸기 위한 것으로 이즈량을 오그려 입체감 있는 소매를 만들어준다.

② 소매 부리선(B′~H~B~H′~B″)

부리선은 뒤쪽길이는 길게 하고 앞쪽은 짧게 하여 곡선으로 그려준다. 즉 B′B/2 되는 곳에서 1cm 내린 지점(H)과 BB″/2 되는 곳에서 0.5cm(H′) 올린 지점을 지나는 소맷 부리선 B′~H ~B~H′~B″를 곡선으로 그린다.

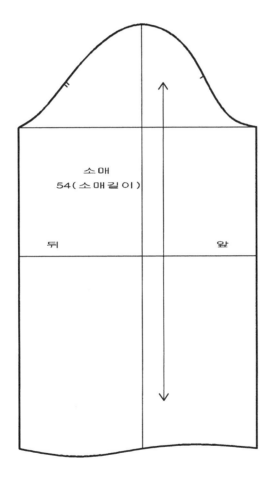

완성된 소매원형

# 2부

인체에 맞게 제도한 원형은
여러 가지 디자인 패턴으로 활용할 수 있다.
스타일화, 도식 등으로 표현된 디자인을
가능한 의복패턴으로 구성하기 위해서는 원형을 활용하는 원리를
정확히 파악하고 규칙에 따라 응용할 수 있어야 한다. 반대로
인체의 구조와 패턴 제도의 원리를 이해하고 있어야만 다양하고도 실제
제작이 가능한 디자인을 구상할 수 있다. 사진, 또는 그림으로부터 디자인을
접하면 우선 어떤 패턴제작원리를 적용할 것인지 판단한다. 인체의 다트를
이동, 분할, 다른 형태로 이용하거나 미적, 기능적인 부피감을 주기
위하여 여유분을 가산할 수도 있다. 노출이 심하거나 밀착되는 옷들은
기본적인 선과 다트이외에 삭제하거나 접어주어야 하는 부분이 필요하다.
때로는 평면적인 느낌을 주기 위해 인체의 굴곡에서 생기는 디자인
요소가 무시되기도 한다. 대부분의 디자인은 한 가지
원리보다는 몇 가지 원리가
혼재되어 있다.

# 제1장
# 바디스 디자인
## *Bodice*
## *Design*

바디스(bodice)란 인체의 몸통 중 상반신을 의미하는 것으로 길원형을 이용하여 여러 가지 디자인을 할 수 있다. 앞판 바디스 디자인에서는 가슴을 향한 다트의 활용 및 변형이 주가 된다. 가슴을 향한 다트는 B.P를 중심으로 위치 이동 및, 분할, 턱, 개더, 플리츠 등의 여러 형태로 변형할 수 있다. 뒤길에는 어깨와 허리선의 다트가 있으나 앞길처럼 돌출되는 회전점이 없어 다트를 이용한 디자인에 한계가 있다.

## 1. 다트의 활용(Dart Manipulation)

다트는 인체의 곡선을 표현하는 필수적인 요소인 동시에, 많은 디자인을 가능케 한다. 즉, 다트의 위치를 이동, 분할하여 옷의 느낌을 달리할 수 있다.

어깨로부터 돌출된 가슴, 잘록한 허리에 이르는 굴곡을 표현해 주는 바디스의 다트는 어깨와 허리선에 있는 것이 기본이지만 천의 유연한 성질 때문에 다트의 방향을 옮겨도 인체의 굴곡을 그대로 살릴 수 있다. 허리선 다트를 1차 패턴으로 사용하며 디자인에 따라 여러 곳으로 옮겨 느낌을 달리할 수 있다.

한 개의 다트는 보다 작은 다트로 분할하거나 이동할 수 있고, 턱, 개더, 플레어, 절개선으로 변형시킬 수 있으며, 여러 개의 다트를 하나의 다트로 합칠 수도 있다. 이러한 원리로 다양한 디자인을 만들어 낼 수 있는데, 이 방법을 다트의 활용(dart manipulation, M.P.)이라 한다.

# 1) 길 다트의 위치와 명칭

## (1) 다트의 종류

길 다트는 그림과 같이 여러 방향으로 이동이 가능하다.

기본 다트는 몸에 맞게 하는 역할을 하는 것으로서, 길의 기본 다트가 이동하는 위치에 따른 명칭은 다음과 같다.

| 〈앞 길〉 | 〈뒤 길〉 |
|---|---|
| ① 목 다트(neckline dart) | ① 목둘레선 다트(neckline dart) |
| ② 어깨 다트(shoulder dart) | ② 어깨 다트(shoulder dart) |
| ③ 암홀 다트(armhole dart) | ③ 허리 다트(waist dart) |
| ④ 옆 다트(underarm dart) | |
| ⑤ 프렌치 다트(French dart) | |
| ⑥ 허리 다트(waist dart) | |
| ⑦ 앞중심허리 다트(center front waist dart) | |
| ⑧ 앞중심 다트(center front dart) | |

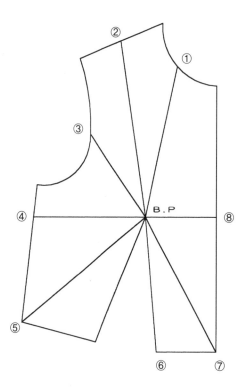
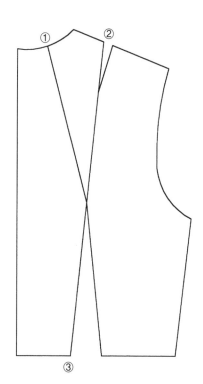

2부 패턴 디자인

### (2) 다트의 이동

다트의 위치를 이동시키는 방법에는 회전법과 절개법이 있다. 어떤 방법이든 다트의 끝점은 항상 원래의 점에서 출발하고 끝나야 한다.

• 절개법(slash method) : 원하는 곳에 절개선을 그어서 절개하고, 기본 다트의 한쪽 선을 자른 후 다른 쪽 선에 일치되도록 겹쳐 주는 것이다. 이해하기 쉽고 명확한 방법으로 초보자가 사용하기 편리하다. 2개 이상의 다트를 다룰 때에는 절개법이 편리하다.

• 회전법(pivot method) : 고정점(pivot point)을 중심으로 원형을 고정시키고 다른 위치로 다트를 돌려서 이동시키는 방법이다. 회전법은 복잡해 보이지만, 원리를 이해하면 정확하고 빠른 방법이다. 특히 패턴을 손상시키지 않으므로 절개법처럼 일일이 1차 패턴을 다시 본뜰 필요 없어 시간을 절약할 수 있다.

### (3) 다트의 크기

다트의 끝에서의 벌어진 정도는 다트의 길이에 따라 다양하다. 긴 다트는 다트가 크고 짧은 다트는 다트가 작은 듯이 보인다. 그러나 각 다트를 실제 한 위치로 겹쳐 보면 다트의 각도는 모두 같은 것을 알 수 있다. 즉, 다트의 크기란 다트 분량을 말하는 것으로서, 다트 끝의 각도에 따라 크기가 달라진다.

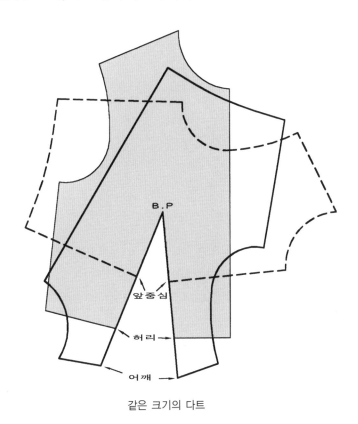

같은 크기의 다트

### (4) 다트의 끝

다트의 끝은 인체의 돌출된 부위를 향하는데, 인체의 돌출점은 원뿔처럼 뾰족한 것이 아니라 완만한 언덕과 같이 둥근 모습이다. 그래서 모든 다트는 돌출점까지 연장하지 않는다. 앞길 다트의 끝은 B.P를 중심으로 2~6cm 정도 벗어나도록 마무리한다. 벗어나는 분량은 디자인, 다트의 개수, 가슴의 형태에 따라 조절된다. 하나의 다트보다는 다트가 여러 개로 분할되었을 때 다트 포인트에서 더 멀리할 수 있다.

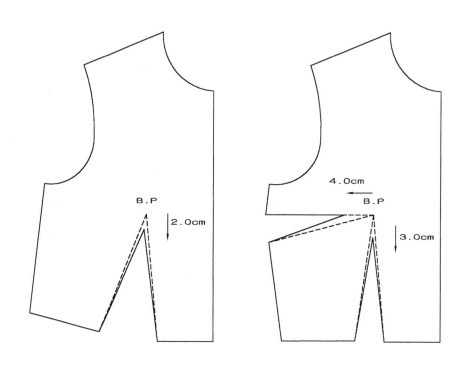

### (5) 다트접기

다트는 솔기에서 시작한다. 다트가 시작되는 외곽선의 모양은 다트를 접는 방향에 따라 결정된다. 일반적으로, 세로 다트는 중심으로 접고, 가로 다트는 아래로 접는다.

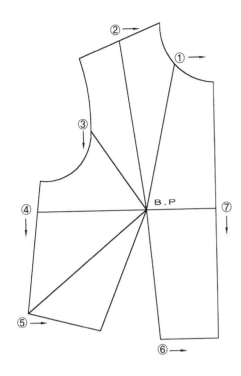

① 목다트 : 중심쪽
② 어깨다트 : 중심쪽
③ 진동다트 : 아래쪽
④ 옆선다트 : 아래쪽
⑤ 프렌치다트 : 중심쪽, 아래쪽
⑥ 허리선다트 : 중심쪽
⑦ 앞중심선다트 : 아래쪽

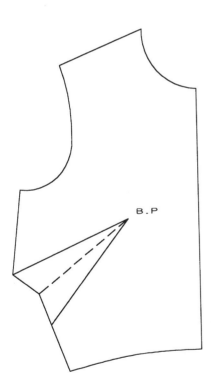

다트를 위로 접었을 때 생기는 모양

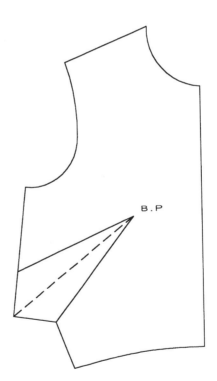

다트를 아래로 접었을 때 생기는 모양

## (6) 다트선 정리

다트는 평면상에 그려준 선으로 접어 입체감을 주었을 때 외곽선이 꺽이게 된다. 그러므로 다트가 있는 패턴은 반드시 정한 방향대로 접어준 뒤 외곽선을 자연스러운 선으로 다시 정리해 주어야 한다. 이 과정이 없이 패턴을 배치하여 옷감을 재단하였을 때 시접이 모자라거나 봉제후 봉제선이 뒤틀리는 등 큰 문제가 될 수도 있다.

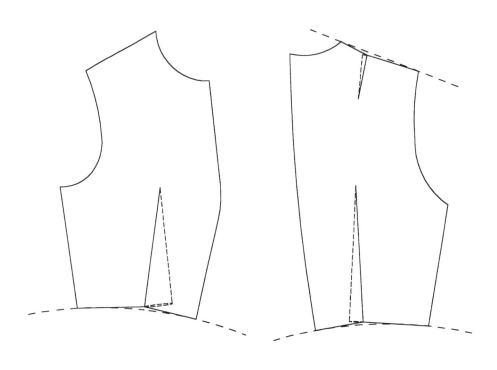

## 2) 다트 한 개인 바디스 디자인(Single dart design)

앞판의 모든 굴곡을 한 개의 다트로 처리하기 위해서는 다트의 크기가 커질 수밖에 없다. 일반적으로 싱글 다트(single dart)는 다트량이 많아 다트를 접은 모양이 맵시가 없다. 그래서 다트를 접지 않고 다트선에 시접을 두어 재단하기도 한다.

한 개의 다트로 패턴을 제작하는 경우는 몸에 밀착되는 디자인은 피한다. 다트는 앞서 살펴본 것처럼 가슴의 둥근 모양을 감싸도록 유두점에서 약간 벗어나 마무리한다. 벗어나는 길이는 2~4cm 정도이다.

### (1) 어깨 다트 (Shoulder dart)

앞길에서 가장 긴 다트로 어깨에서 가슴을 향한다. 재킷, 코트의 입체감을 주기 위해 칼라 밑에 이용되기도 한다. 절개법으로 제도해 보자.

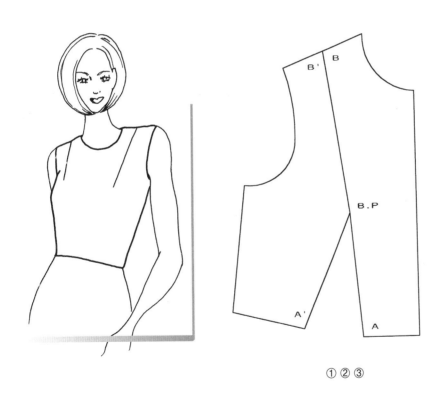

①②③

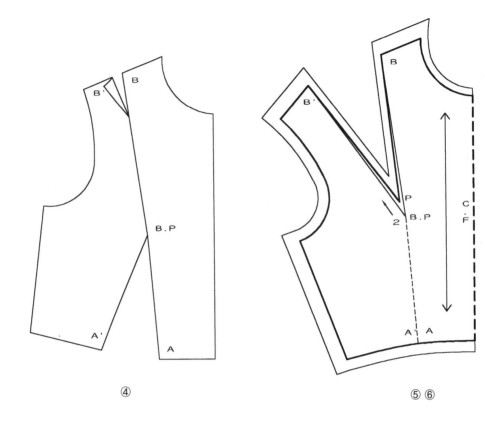

④                    ⑤ ⑥

① 원형의 다트선 안쪽으로 A와 A′를 각각 표시한다.

② 어깨에 새 다트위치를 정해 B.P까지 절개선을 그린다.

③ 절개선의 양쪽에 B와 B′를 표시한다.

④ 절개선을 따라 자른다.

⑤ A와 A′를 마주 닫으면 B와 B′가 벌어진다.

⑥ B.P로부터 2~3cm 다트 끝점을 이동하여 다트선 BPB′를 그린다.

## (2) 옆 다트(Side dart)

허리선 다트와 함께 많이 쓰이는 다트로 블라우스, 원피스 드레스 등에 많이 이
용된다. 회전법으로 제도해 보자. 회전법은 패턴이 손상되지 않으므로 기본 원형
을 그대로 이용할 수 있다.

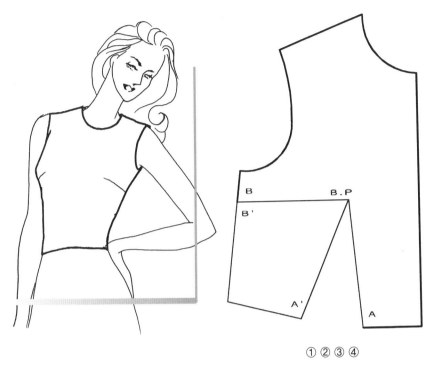

① 원형의 다트선 안쪽으로 A와 A′를
　각각 표시한다.
② 옆선에 새 다트위치를 잡아 B.P와
　직선으로 연결한다.
③ 다트 위치의 양쪽에 B, B′로 표시
　한다.
④ A로부터 B까지 패턴의 중심쪽 외
　곽선을 따라 그린다.
⑤ B.P를 핀으로 고정시킨 채 A에
　A′가 만날 때까지 패턴을 회전시
　킨다.
⑥ A와 A′를 마주친 후 생긴 외곽선
　A′에서 B′를 따라 그린다.
⑦ B.P로부터 2~4cm 다트 끝점을
　이동하여 다트선을 그린다.

①②③④

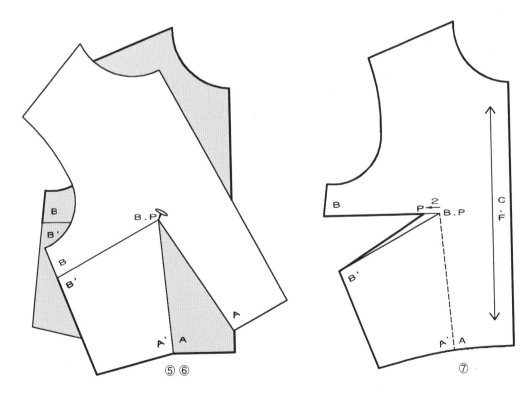

⑤⑥　　　　　　　　　⑦

## (3) 진동 다트(Armhole dart)

진동둘레에서 다트가 시작하며 스트레이트 재킷이나 드레스 또는 소매가 없는
디자인의 의복에 주로 사용된다. 회전법으로 제도하였다.

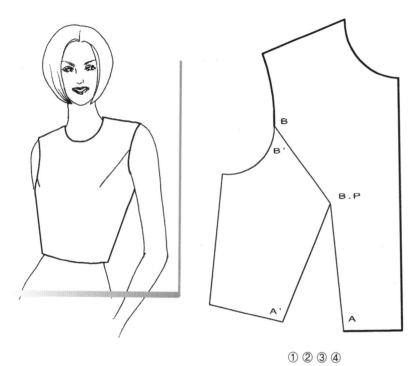

① 원형의 다트선 안쪽으로 A와 A′
　를 각각 표시한다.
② 진동둘레에 새 다트위치를 잡아
　B.P와 직선으로 연결한다.
③ 다트 위치의 양쪽에 B, B′로 표
　시한다.
④ A로부터 B까지 패턴의 중심쪽
　외곽선을 따라 그린다.
⑤ B.P를 핀으로 고정시킨 채 A에
　A′가 만날 때까지 패턴을 회전
　시킨다.
⑥ A와 A′를 마주친 후 생긴 외곽
　선 A′에서 B′를 따라 그린다.
⑦ B.P로부터 2~4cm 다트 끝점을
　이동하여 다트선을 그린다.

① ② ③ ④

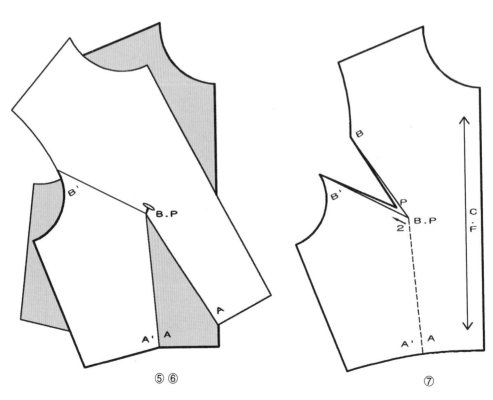

⑤ ⑥　　　　　　　　⑦

## (4) 프렌치 다트(French dart)

옆다트 중 가슴선 아래에 위치하는 것을 프랜치 다트라 하며 디자인에 따라 곡
선으로 잡아 주기도 한다. 절개법으로 제도하였다.

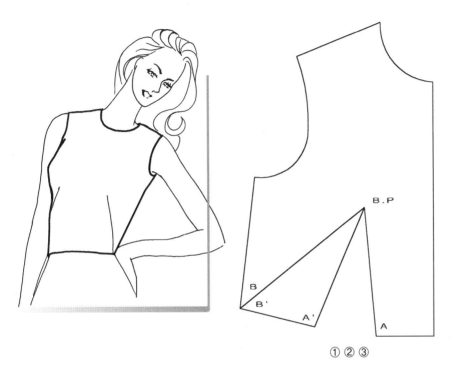

① 원형의 다트선 안쪽으로 A와
　A′를 각각 표시한다.
② 옆선에 새 다트위치를 잡아
　B.P까지 절개선을 그린다.
③ 절개선의 양쪽에 B와 B′를
　표시한다.
④ 절개선을 따라 자른다.
⑤ A와 A′를 마주 닿으면 B와
　B′가 벌어진다.
⑥ B.P로부터 2～3cm 다트 끝
　점을 이동하여 다트선 BPB′
　를 그린다.

①②③

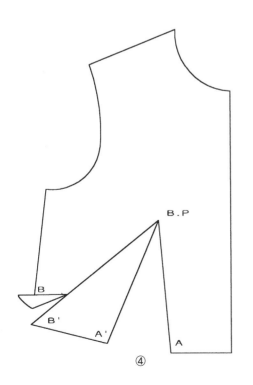

④

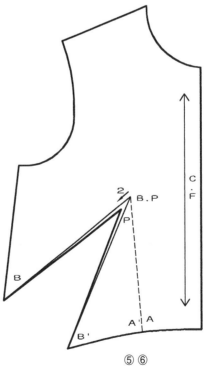

⑤⑥

### (5) 목 다트 (Neck dart)

칼라가 없는 수트의 디자인에 응용되는 다트이다. 회전법을 이용하여 제도해보자.

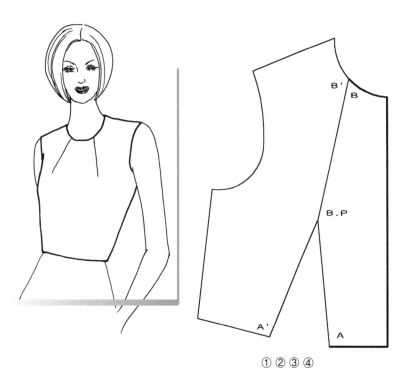

① 원형의 다트선 안쪽으로 A와 A′
　를 각각 표시한다.
② 목둘레선에 새 다트위치를 잡아
　B.P와 직선으로 연결한다.
③ 다트 위치의 양쪽에 B, B′로 표시
　한다.
④ A로부터 B까지 패턴의 중심쪽 외
　곽선을 따라 그린다.
⑤ B.P를 핀으로 고정시킨 채 A에
　A′가 만날 때까지 패턴을 회전시
　킨다.
⑥ A와 A′를 마주친 후 생긴 외곽
　선 A′에서 B′를 따라 그린다.
⑦ B.P로부터 2~3cm 다트 끝점을
　이동하여 다트선(BPB′)을 그린다.

① ② ③ ④

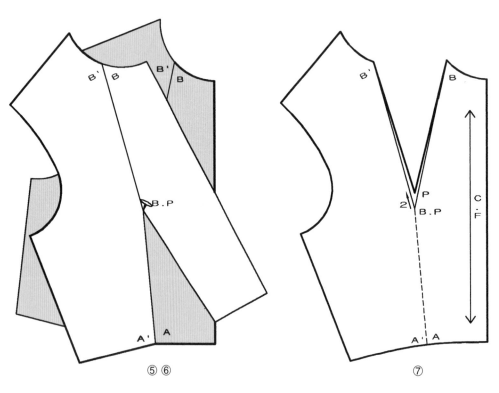

⑤ ⑥　　　　　　　　　　　　　　　⑦

## (6) 앞중심 하의 다트(Center front waist dart)

허리선 다트가 앞 중심으로 이동된 디자인이다. 절개법으로 제도하였다.

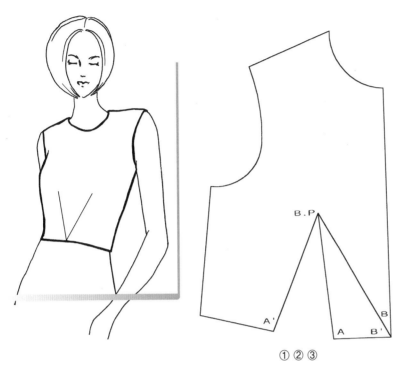

① 원형의 다트선 안쪽으로 A와 A′를 각각 표시한다.
② 허리 앞점에서 B.P까지 절개선을 그린다.
③ 절개선의 양쪽에 B와 B′를 표시한다.
④ 절개선을 따라 자른다.
⑤ A와 A′를 마주 닿으면 B와 B′가 벌어진다.
⑥ B.P로부터 2~3cm 다트 끝점을 이동하여 다트선 BPB′를 그린다.

① ② ③

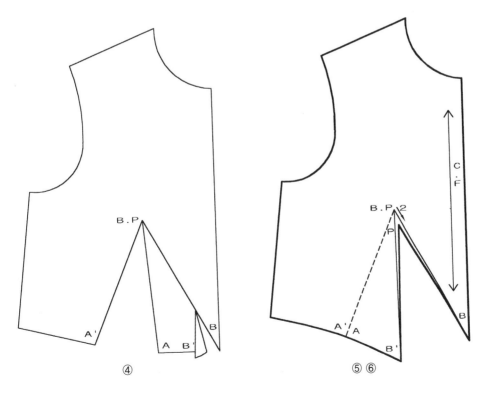

④

⑤ ⑥

### 3) 다트가 두 개 있는 바디스 디자인(Two dart design)

다트가 두 개(two dart)인 바디스 패턴은 한 개(single dart)만 있는 패턴에 비해 여러 가지 장점이 있다.

- 다트량이 분산되므로 올 방향이 극단적으로 뒤틀릴 우려가 없다.
- 재단시 옷감 손실이 적어 경제적이다.
- 인체의 굴곡을 분산시켜 맞춰 주기 때문에 몸에 잘 맞는다.

다트 포인트는 싱글 다트에 비해 B.P에서 좀 더 멀리 잡아줄 수 있다. 다트와 디자인에 따라 2.5~6cm 정도 B.P에서 옮겨 준다. 다트 2개인 디자인에서는 각 다트에 얼마나 다트량을 줄 것인가가 문제가 된다. 일반적으로 다트가 두 개일 때 그 중 하나는 허리선을 향하므로 허리선이 일직선상에 위치하는 양을 허리 다트로 잡고 나머지를 다른 쪽으로 이동한다.

### (1) 옆 다트와 허리다트(Side and waist dart)

가장 기본적인 다트 디자인이다. 허리선의 싱글 다트 원형을 이용하여 절개법으로 제도해 보자.

① 원형의 다트선 안쪽으로 A와 A′를 각각 표시한다.
② 옆선에 다트위치를 잡아 B.P까지 절개선을 그린다.
③ 절개선의 양쪽에 B와 B′를 표시한다.
④ 절개선을 따라 자른다.
⑤ 앞 중심선과 수직인 허리 수평선을 그어 허리선의 끝(패턴의 허리 옆점)이 수평선상에 위치할 때까지 A′를 A쪽으로 이동한다.
⑥ B.P로부터 다트 끝점을 2~4cm이동하여 다트선APA′와 BP′B′를 그린다.

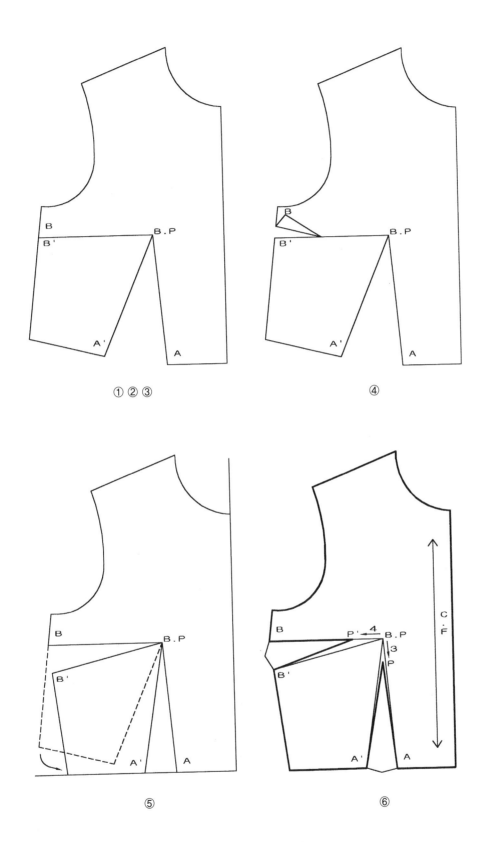

① ② ③

④

⑤

⑥

### (2) 어깨다트와 허리 다트(Shoulder and waist dart)

인체의 곡선을 따른 가장 기본적인 다트이다. 허리선 다트 원형을 이용하여 회전법으로 제도해 보자.

① ② ③ ④

① 원형의 다트선 안쪽으로 A와 A′를 각각 표시한다.
② 어깨에 다트위치를 잡아 B.P까지 직선으로 연결한다.
③ 다트 위치의 양쪽에 B, B′로 표시한다.
④ A로부터 B까지 패턴의 중심쪽 외곽선을 따라 그린다.
⑤ 앞 중심선과 수직인 허리 수평선을 그어 허리선의 끝(패턴의 허리 옆점)이 수평선상에 위치할 때까지 A′를 A쪽으로 이동한다.
⑥ 새로 생긴 외곽선 A′에서 B′를 따라 그린다.
⑦ B.P로부터 다트 끝점을 3~5cm이동하여 다트선APA′와 BP′B′를 그린다.

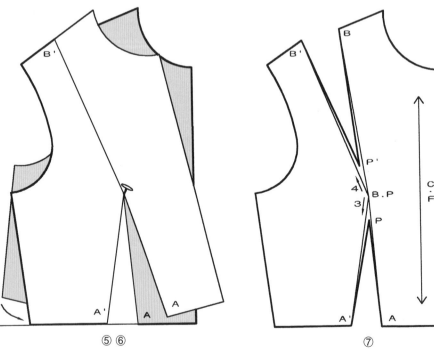

⑤⑥                    ⑦

2부 패턴 디자인

## (3) 진동 다트와 허리다트(Armhole and waist dart)

소매가 없는 드레스에 많이 이용되는 디자인이다. 옆선과 허리선의 투 다트를
이용하여 절개법으로 제도한다.

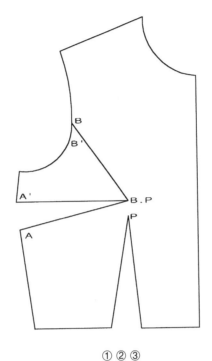

① 이동할 다트선(옆다트)을 B.P까지
연장하여 안쪽에 A, A′로 표시한다
② 진동에 새 다트위치를 잡아 B.P와
직선으로 연결한다.
③ 새 다트선의 양쪽에 B, B′로 표시
한다.
④ 직선을 따라 절개한다.
⑤ A와 A′를 마주 닫아 B와 B′를 벌
어지게 한다.
⑥ B.P로부터 다트 끝점을 3~4cm이
동하여 다트선 BPB′를 그린다.

①②③

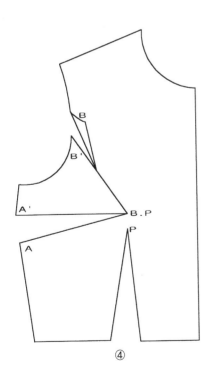

④

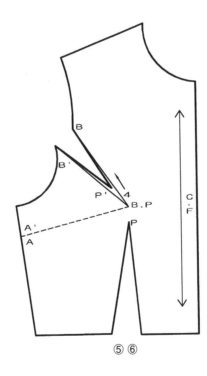

⑤⑥

### (4) 목다트와 허리다트(앞길)(Neck and waist dart)

블라우스나 칼라가 없는 자켓에 종종 응용되는 디자인이다. 옆선과 허리선의
투다트를 이용하여 회전법으로 이동한 것이다.

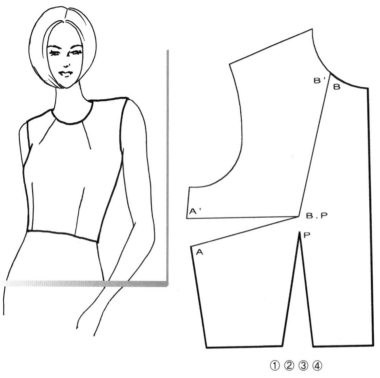

① 이동할 다트선(옆다트)을 B.P까지
　연장하여 안쪽에 A, A′로 표시한
　다
② 진동에 새 다트위치를 잡아 B.P와
　직선으로 연결한다.
③ 새 다트선의 양쪽에 B, B′로 표시
　한다.
④ A로부터 B까지 중심쪽 외곽선을
　따라 그린다.
⑤ B.P를 핀으로 고정시킨 채 A에
　A′가 만날 때까지 패턴을 회전시
　킨다.
⑥ A와 A′를 마주친 후 생긴 외곽
　선 A′에서 B′를 따라 그린다.
⑦ B.P로부터 3~4cm 다트 끝점을
　이동하여 다트선을 그린다.

① ② ③ ④

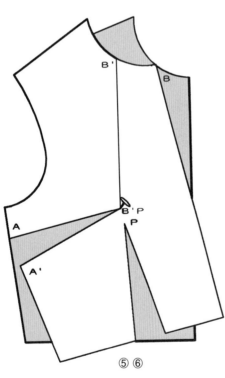

⑤ ⑥

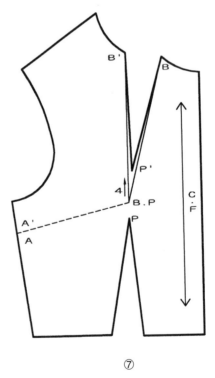

⑦

## (5) 목다트와 허리다트(뒤길)(Neck and waist dart)

뒤길 원형의 기본 다트는 어깨와 허리에서 시작하는 다트이다. 뒤길은 앞길과 같은 돌출점(bust point)이 없어 앞길의 다트처럼 서로 합치거나 이동하기 어렵다. 즉, 어깨 다트가 허리선으로 이동하거나 허리 다트가 목둘레선이나 어깨선으로 이동할 수 없다. 어깨 다트는 목둘레선이나 진동둘레선 등 뒤길의 위쪽에서만 활용 가능하고, 허리다트는 허리선에서만 분할, 주름 등으로 변형 가능하다. 칼라가 없는 수트, 어깨선을 판 디자인 등에서 사용되는 다트이다.

절개법을 이용하여 제도해 보자.

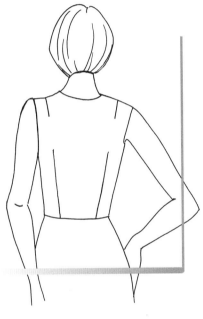

① 어깨다트선의 양쪽에 A, A´를 표시한다.
② A에서 허리다트점 P까지 연장한다.
③ 목둘레선에 새 다트위치를 잡아 허리다트점 P까지 절개선을 그린다.
④ 절개선 양쪽에 B, B´를 표시한다.
⑤ AP와 BP를 절개하여, AA´를 닫으면 목둘레에서 BB´만큼 벌어지게 된다.
⑥ 벌어진 BB´을 다트량으로 하여 6~7cm의 길이 만큼의 다트선을 그린다. 이때 반드시 양쪽 다트선의 길이가 같도록 조정한다.

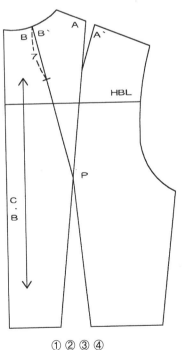

①②③④

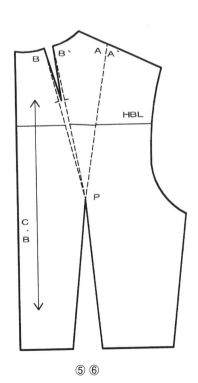

⑤⑥

## 2. 다트의 변형

인체의 굴곡으로 생기는 다트를 그대로 사용할 수도 있지만 다트량을 이용하여 여러 가지 디자인을 구성할 수 있다. 다트를 여러 개로 분할하여 봉제선의 디자인을 얻을 수도 있으며 다트량을 이용하여 개더, 플리츠, 턱, 스타일 라인 등으로 표현할 수 있다. 또 요크나 플리츠 등에도 다트분이 가해져서 구성되는 경우가 많다. 모든 앞길 디자인은 B.P에서 출발한다는 다트의 기본 원리를 염두에 두고 응용해야 한다.

### 1) 다트의 분할(Dividing darts)

다트를 여러 개로 나누어 구성하는 방법으로 원리는 일반적인 다트 이동 방법과 같다. 어깨 다트로 예를 들자.

① 허리선 다트선의 양쪽에 A, A′를 표시한다.
② 어깨선의 중심점 B를 정하여 B와 B.P를 연결한다. 이것이 중심 절개선이다.
③ 원하는 다트선의 길이가 되는 점 B′를 정하여 B′에서 어깨선과 평행한 선을 긋는다.
④ BB′ 양쪽에 분할 절개선을 동일 간격으로 긋고 BP에서 합친다.
⑤ 각 절개선을 따라 절개한다.
⑥ A와 A′를 마주 만나게 하여 벌어진 절개선의 다트량을 고르게 조절한다.
⑦ 각 다트에서 양쪽 선의 길이가 같도록 외곽선을 정리한다.

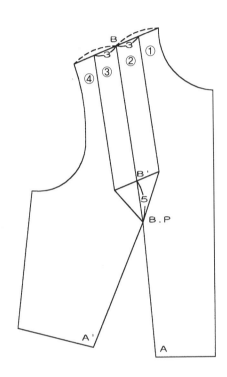

① ② ③ ④ ⑤

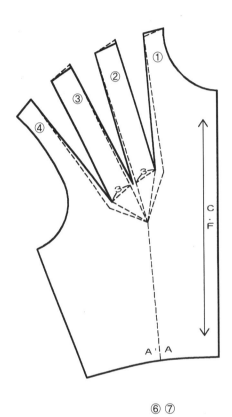

⑥ ⑦

## 2) 개더(Gathers)

다트 대신 개더로 처리하면 부드러운 느낌을 준다. 개더는 다트 분량을 주름으로 잡아 준다. 더욱 풍성한 개더를 원하면 원형을 더 절개하여 벌려 주름분을 만들어 준다. 다음은 목다트량으로 개더를 잡은 디자인이다.

다트와 달리 개더의 완성선 모양은 정확하게 표시하기 어렵다. 개더를 원래 목둘레의 크기만큼 잡은 다음, 원형을 대고 목둘레선을 표시하여 처리한다.

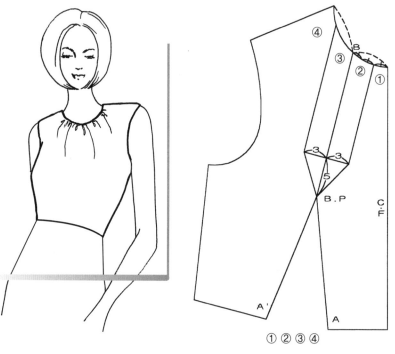

① 허리선 다트선의 양쪽에 A, A′를 표시한다.

② 목둘레선의 중심점B를 정하여 B와 B.P를 연결한다. 이 것이 중심 절개선이다.

③ 양쪽에 분할 절개선을 동일 간격으로 긋는다.

④ 각 절개선을 따라 절개한다.

⑤ A와 A′를 마주 만나게 하여 벌어진 절개선의 다트량을 개더분으로 이용한다.

⑥ 어긋난 선을 자연스럽게 정리한다.

① ② ③ ④

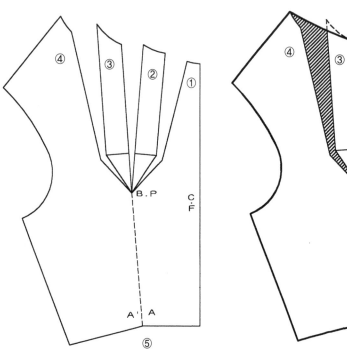

## 3) 턱(Tucks)

턱은 옷감에 주름을 접어 박아 일정한 간격으로 장식하는 것이다. 다트량을 이용하기도 하지만 B.P로부터 많이 벗어나는 턱은 턱에 필요한 여유량을 따로 잡아 제도하기도 한다. 그림은 어깨에 3개의 턱을 잡은 디자인으로 다트분을 3개의 선으로 분할하여 일정한 길이만큼만 박아서 고정시킨 것이다. 시선을 어깨로 끌기 때문에 가슴둘레가 크거나 가슴선이 내려온 체형에 알맞은 디자인이다.

① 허리선 다트선의 양쪽에 A, A′를 표시한다.
② 어깨선의 중심점B를 정하여 B와 B.P를 연결한다. 이것이 중심 절개선이다.
③ B.P로부터 5cm 되는 점 B′를 정하여 B′에서 어깨선과 평행한 선을 긋는다.
④ BB′ 양쪽에 분할 절개선을 동일 간격으로 긋고 B.P에서 합친다.
⑤ 각 절개선을 따라 절개한다.
⑥ 절개선의 벌어진 분량을 고르게 조절하면서 원하는 턱의 분량이 될 때까지 A′를 A쪽으로 이동한다.
⑦ 원하는 턱의 길이만큼 일정하게 표시한다. 길이는 디자인에 따라 조절한다.
⑧ 의도한 방향으로 턱을 접어 어깨선을 따라 잘라 어깨의 완성선을 수정한다.

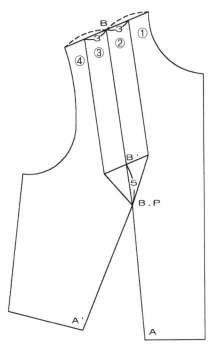

①②③④⑤

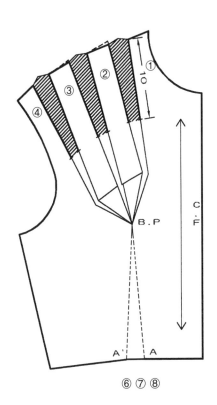

⑥⑦⑧

## 4) 스타일 라인(Style line)

스타일 라인은 패턴을 두 개로 나눠주는 봉제선이다. 그 중 세로 방향의 스타일 라인을 프린세스 라인(princess line)이라 한다. 기본적인 프린세스 라인은 어깨에서 bust point를 지나 허리선으로 이어지는 라인으로 이 밖에 진동둘레에서 시작되는 것, 목둘레에서 시작되는 것 등이 있다.

### (1) 어깨에서 시작하는 프린세스 라인(Shoulder princess line)

옆선과 허리선의 두 다트를 1차 패턴으로 사용한다.

**앞판**

① 어깨 중심에서 B.P를 지나 허리다트까지 연장하는 스타일 선을 긋는다.
② B.P를 중심으로 스타일선의 양쪽 5cm 너치 표시를 한다.
③ 각 다트와 절개선의 양쪽에 그림과 같이 기호를 표시한다.
④ B.P에서 1cm 옆선쪽으로 P점을 정한다.
⑤ AC를 따라 절개한다.
⑥ P를 중심으로 B′B를 마주 접으면 B.P부분이 약간 벌어진다.
⑦ B.P 부분을 자연스럽게 곡선으로 정리한다.
⑧ 스타일 선의 양쪽 조각(panel)에 각각 중심선에 평행한 올 방향선을 그린다.

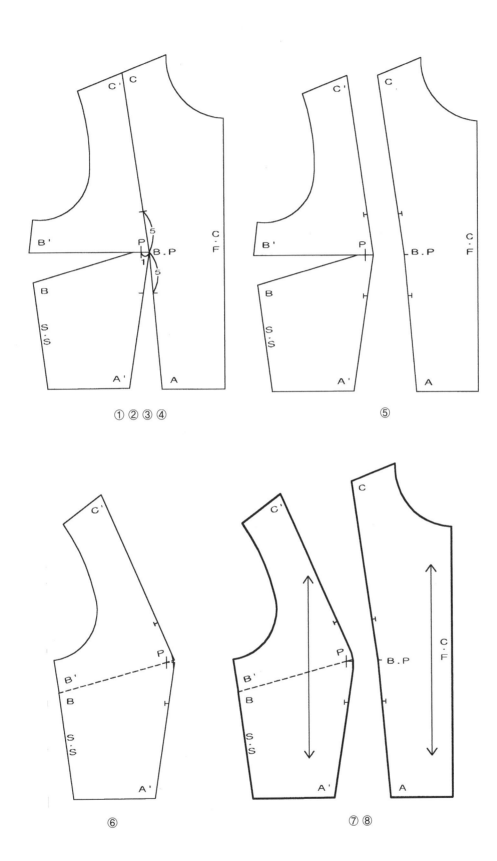

① ② ③ ④        ⑤

⑥        ⑦ ⑧

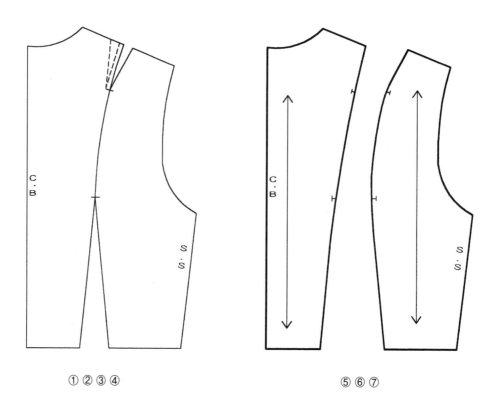

① ② ③ ④          ⑤ ⑥ ⑦

**뒤판**

뒤길의 프린세스 라인은 어깨다트와 허리다트를 스타일선 안으로 포함시켜 없앤
다. 스타일선 안에 다트가 포함되도록 어깨다트를 이동시킨다. 어깨 다트와 허리
다트의 조각은 버린다.

① 앞판 어깨의 스타일선과 동일한 위치를 뒤판의 어깨에 표시한다.

② 스타일선에 어깨 다트의 시작점이 위치하도록 다트를 이동한다.

③ 어깨 다트와 허리선 다트를 자연스러운 곡선으로 연결한다.

④ 어깨 다트의 끝점과 허리선 다트의 끝점에 너치표시를 한다.

⑤ 스타일선을 따라 절개한다.

⑥ 스타일 선을 자연스럽게 정리한다.

⑦ 스타일 선의 양쪽 조각(panel)에 각각 중심선에 평행한 올방향선을 그린다.

## (2) 진동에서 시작하는 프린세스 라인(Armhole princess line)

진동둘레선에서 시작하여 B.P, 혹은 B.P주변을 지나 허리선에 이르는 스타일 라인으로 자켓, 코트 등 격식을 갖춘 의복에 자주 사용되는 디자인이다. 때로는 B.P와 상관없이 옆선 쪽에 디자인으로 사용되기도 한다.

**앞길**

① 진동둘레선에서 B.P.를 지나는 프린세스 라인을 곡자 또는 프렌치 커브를 이 용하여 그린다. 그림과 같이 직선의 안내선을 그은 후 이 선에 약 1.5~2cm 올린 선을 그린다.

② B.P를 중심으로 스타일선의 양쪽 5cm 너치 표시를 한다.

③ B.P에서 1cm 옆선쪽으로 P점을 정한다.

④ 스타일선(A~C)를 따라 절개한다

⑤ P를 중심으로 B′, B를 마주 접으면 B.P부분이 약간 벌어진다.

⑥ B.P. 부근의 선을 곡선으로 둥글게 수정한다.

⑦ 스타일 선의 양쪽 조각(panel)에 각각 중심선에 평행한 올방향선을 그린다.

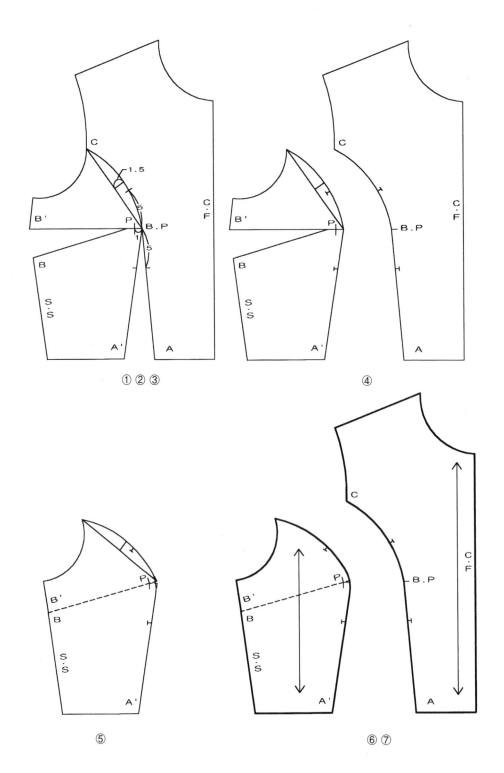

①②③

④

⑤

⑥⑦

**뒤길**

① 어깨다트의 끝점에서 진동둘레에 수평선을 긋는다.

② 수평선을 절개하고 어깨 다트를 접어 다트량을 진동둘레로 이동시킨다.

③ 뒤길의 진동둘레선에서 프린세스 라인의 위치를 정해 허리 다트선과 자연스러운 곡선으로 연결한다.

④ 진동둘레의 스타일선 양쪽으로 A, A′를 표시한다.

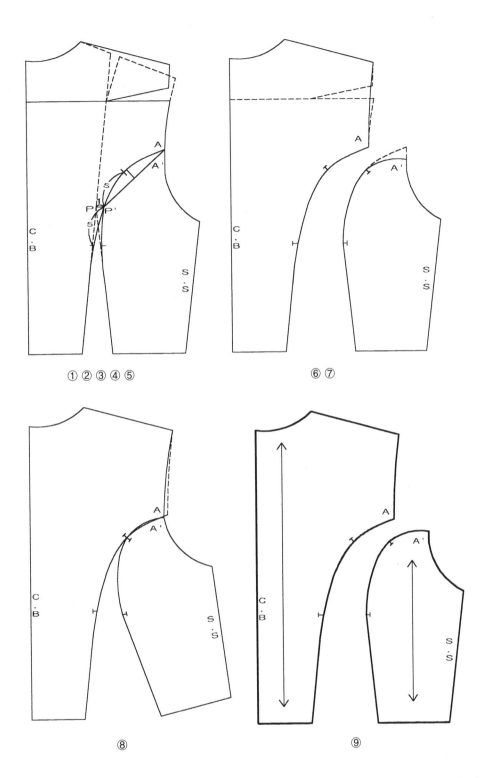

① ② ③ ④ ⑤      ⑥ ⑦

⑧      ⑨

⑤ 허리선 다트선에서 벗어나는 지점과 다트 끝점에서 3∼5cm 올라간 점에 절개선 양쪽으로 너치표시를 한다

⑥ 스타일선을 따라 절개한다.

⑦ 옆선쪽 조각에서 진동둘레 다트분을 삭제하여 스타일선과 자연스럽게 연결한다.

⑧ 너치 위치에서 진동둘레선까지 스타일선을 마주치게 한 후 차이가 나는 진동둘레선을 정리한다.

⑨ 스타일 선의 양쪽 조각(panel)에 각각 중심선에 평행한 올 방향선을 그린다.

## 5) 다트를 생략한 디자인(Dartless waist)

다트는 인체의 곡선을 표현하기 위한 필수적인 요소이다. 그래도 때로는 디자인에 따라, 또는 제작비용을 절감하기 위해 다트가 생략되기도 한다.

다트를 생략했다 해서 인체의 굴곡마저 없어진 것이 아니므로 맞음새(fitness)는 다소 떨어진다. 다트를 어느 한 군데서 없애버리면 인체를 왜곡시키므로 여러 위치에서 조금씩 다트량을 분산시켜 삭제한다. 뒤길부터 제도하자.

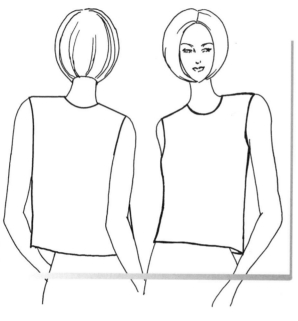

**뒤길**

① 뒤중심선을 4등분하여 1/4위치에서 진동 둘레에 수선을 긋는다.

② 어깨 다트를 수선까지 연장한다.

③ 목둘레선에 어깨 다트와 같은 점에서 출발하는 연장선을 긋는다.

④ 어깨다트 및 암홀, 목둘레 다트선을 절개한다.

⑤ 원래의 어깨 다트의 1/3 정도 만 남기고 목둘레선 및 암홀 쪽에 다트량을 고루 분산시킨다.

⑥ 다트량을 무시하고 완성선으로 정리한다.

⑦ 허리선의 다트는 여유량으로 그대로 둔다.

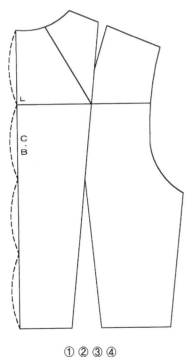

①②③④

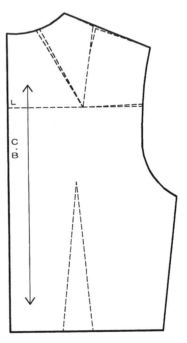

⑤⑥⑦

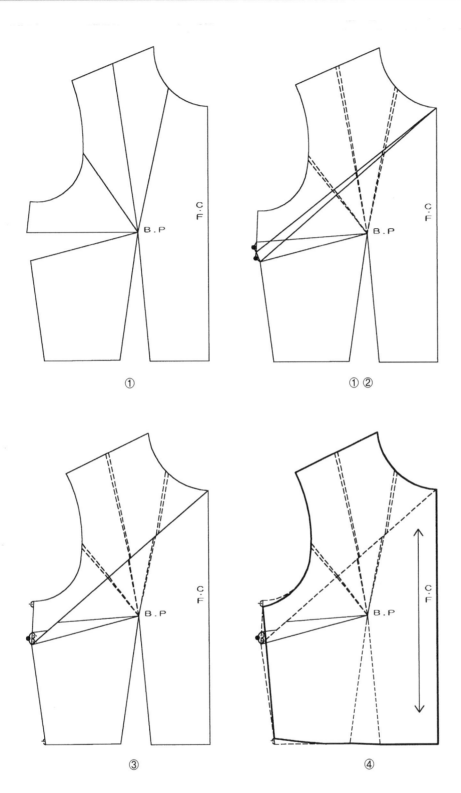

**앞길**

① 뒤판에서 늘어난 만큼 진동과 어깨, 목둘레선에 여유량을 추가한다.

② 옆선다트로부터 목앞점에 직선을 그어 남은 다트의 1/2을 삭제한다.

③ 진동둘레와 허리선에서 남은 양을 삭제한다.

④ 허리선의 다트는 여유량으로 그대로 둔다.

# 제2장
# 스커트 디자인
*Skirt*

*Design*

스커트는 다른 의복 패턴에 비해 다양한 디자인 표현이 가능하다. 그 이유는 인체와 직접 닿는 부위가 적기 때문이다. 바디스 패턴은 목둘레와 어깨, 진동둘레, 돌출된 가슴, 허리 및 옆선에서 어느 정도 맞을 것인지(fit) 모두 고려해야 한다. 그러나 스커트는 허리와 엉덩이 외에는 인체에 걸리는 부분이 없어 폭, 길이방향으로 얼마든지 다양한 디자인을 연출할 수 있다. 단, 인체의 동작을 고려하여 다리의 동작에 지장이 없는 정도로 단에 여유나 트임을 주어야 한다.

스커트는 블라우스, 재킷 등 상의와 함께 실루엣을 형성하며, 스커트의 길이와 모양은 외모의 인식에 큰 영향을 미치므로 체형을 보완하는데 중요한 역할을 한다. 스커트는 다트의 이동, 길이와 폭의 변화로 다양한 모양이 된다. 또한 같은 패턴이라 해도 올 방향, 옷감의 질감에 따라 실루엣이 다르게 나타난다.

## 1. 스커트의 이해

### 1) 길이에 따른 명칭

스커트는 길이를 다양하게 조절할 수 있다. 무릎정도가 기본길이(natural line)이며, 이보다 위로 미니와 초미니스커트가 있고, 무릎길이보다 긴 미디와 발목길이 스커트, 더 길게는 바닥에 끌리는 것도 있다.

| 바닥길이 | 발목 길이 | 발레리나 | 미디 | 무릎길이 | 미니 | 초미니 |
|---|---|---|---|---|---|---|
| (floor-length) | (ankle length) | (ballenia) | (midi) | (knee length) | (mini) | (micromini) |

## 2) 실루엣에 따른 종류

스커트의 형태는 밑단의 폭, 외곽선의 모양에 따라 크게 4가지로 표현된다.

• H형, 스트레이트형(Straight, Rectangular) : 엉덩이둘레에서 밑단까지 직선으로 내려오는 스커트이다.

• A형 또는 삼각형(A-shape, Triangular) : 엉덩이둘레에서 단까지 퍼져 나가는 의복으로 A-라인, 플레어드 스커트 등이 여기에 속한다.

• V형, 역삼각형(Pegged, Inverted triangular) : 엉덩이둘레에서 밑단까지의 폭이 좁아지는 형태로 허리선에 여유분량을 준 디자인이다.

• 종 모양의 스커트(Bell shape) : 엉덩이부분에는 꼭 맞다가 밑에서 넓어져 마치 종과 같은 형태를 이루는 디자인이다.

H형          A형          V형          종형

### 3) 다트의 활용을 위한 1차 패턴 만들기

스커트는 밑단을 벌려 변형시키는 디자인이 많다. 다트끝점으로부터 밑단에 절개선을 그은 후 다트를 접고 절개선을 벌리는 데, 이때 앞, 뒤판의 다트 길이와 다트량이 일치하지 않아 다트를 닫았을 때 절개선에서 벌어지는 양이 다르게 된다. 이는 인해 앞, 뒤 스커트의 폭이 달라져 제작 후 옆선이 제자리에 놓이지 않고 스커트의 모양을 왜곡시키는 결과를 낳는다. 그러므로 패턴을 활용하기 전에 우선 다트의 크기와 길이를 일치시켜 주는 작업이 필요하다.

다트를 접어 벌리는 디자인의 경우 앞, 뒤 다트량을 모두 합쳐 둘로 나눈 값을 새 다트량으로 한다. 앞서 제도한 스커트 기본 원형은 앞판에 4cm, 뒤판에 5cm의 다트량이 있다. 이를 합하여 반으로 나누면 각 패턴에 4.5cm의 다트량을 갖게 된다.

## (1) 다트 1개인 디자인

① 스커트 허리선의 중간 위치에서 밑단에 수직인 선을 긋는다.

② 15cm 정도 내려 기준점(P)을 정하고 5cm 간격으로 기준점을 내려 잡는다.
엉덩이둘레선 아래의 기준점을 이용할 경우 엉덩이둘레의 품이 모자라지 않도록
유의한다.

③ 정한 다트량만큼 기준점과 연결한다.

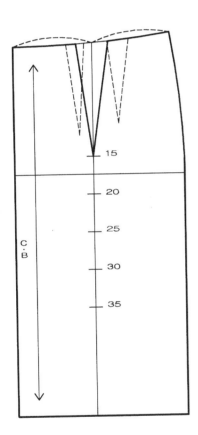 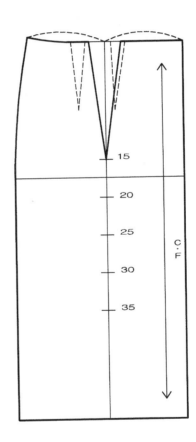

## (2) 다트 2개인 디자인

① 밑단을 3등분하여 허리선을 향해 밑단에서 수선을 내린다.

② 10cm 정도 내려 기준점(P)을 정하고 5cm 간격으로 기준점을 내려 잡는다. 엉덩이둘레선 아래의 기준점을 이용할 경우 엉덩이둘레의 품이 모자라지 않도록 유의한다.

③ 정한 다트량을 이등분하여 각각의 위치에 주고 기준점과 연결한다.

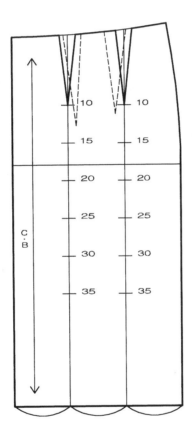 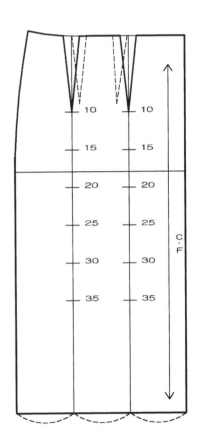

## 2. 허리선 디자인

### 1) 허리밴드(Waist band)

대부분의 스커트 허리선은 밴드를 달아 처리한다. 허리 밴드는 스커트를 허리에서 고정해 주는 역할을 한다. 허리둘레 치수에 밴드가 서로 겹쳐질수 있는 여밈분을 보태고, 밴드 외곽선에 스커트의 앞, 뒤 중심 및 옆선을 표시한다.

① 스커트와 동일한 허리선의 길이(W+2cm)에 여밈분(3cm)을 더한길이를 가로로, 허리 밴드의 폭을 세로로 하는 긴 사각형을 그린다.

② 옆 여밈은 옆선, 앞중심, 옆선, 뒤중심, 옆선, 여밈분의 순으로,

뒤 여밈은 뒤중심, 옆선, 앞중심, 옆선, 뒤중심, 여밈분의 순으로 위치를 표시한다.

＊ 앞허리선 : W/4+0.5cm+0.5cm

＊ 뒤허리선 : W/4−0.5cm+0.5cm

③ 가로선을 펼쳐 밴드 폭의 두배로 완성선을 그린다.

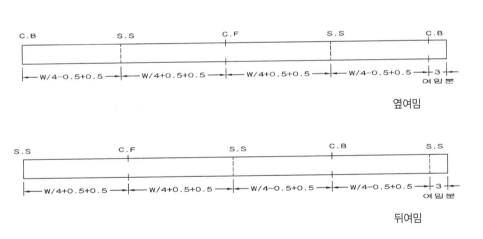

옆여밈

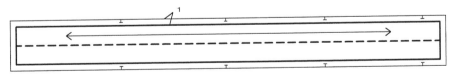

뒤여밈

## 2) 하이 웨이스트 스커트(High waisted skirt)

스커트의 허리선이 실제의 허리선보다 위에 위치하도록 디자인된 스커트이다.

① 앞, 뒤 스커트를 그린다.

② 옆선에서 앞, 뒤 중심선에 평행으로 원하는 길이만큼 위로 올린다.

③ 앞, 뒤 허리 중심에서 옆선에서 올린 양+0.7cm를 중심선을 따라 올린다.

④ 새로 생긴 중심선과 옆선을 자연스럽게 연결한다.

⑤ 허리선의 올린 양에 따라 0.5∼0.8cm 정도 옆선에서 늘려 준다.

⑥ 스커트의 다트를 올린 허리선까지 연장한다.

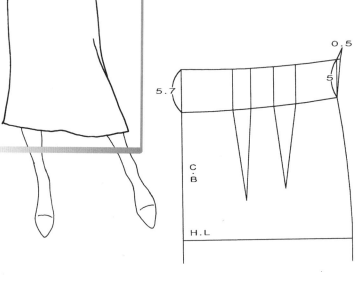
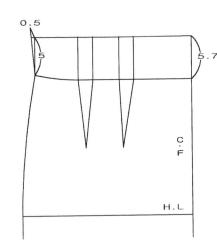

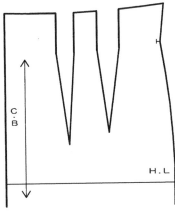
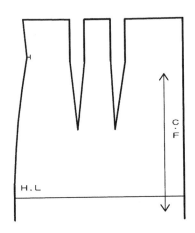

## 3) 로 웨이스트 스커트(Low waisted skirt)

스커트의 허리선이 인체의 허리선보다 낮게 제도된 디자인으로 엉덩이에 걸쳐진다. 허리선에서 내려오는 정도는 디자인에 따라 다르다.

① 앞, 뒤 스커트 패턴을 그린다.

② 원하는 양만큼 허리선에 평행하게 내린다. 반드시 앞, 뒤에 내린 양이 같은지, 옆선의 길이가 같은지 확인한다.

③ 남은 다트량만큼 앞, 뒤 옆선에서 삭제해 준다. 이때 앞, 뒤판의 옆선 모양이 비슷하도록 남은 다트량을 조절한다.

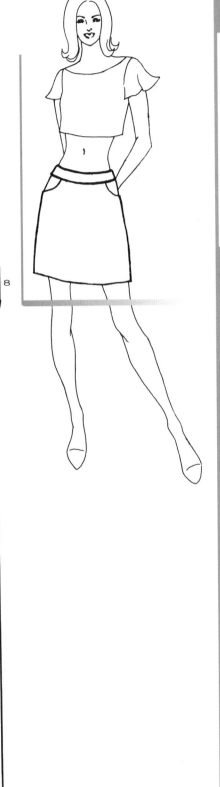

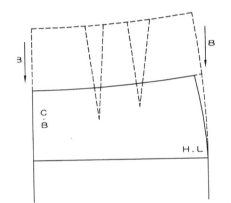

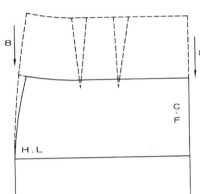

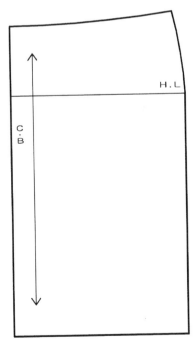

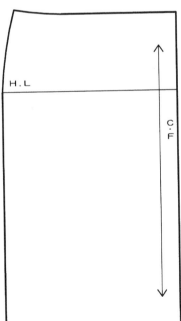

# 3. 스트레이트 스커트의 변형

## 1) 다트의 변형

다트량은 플리츠나 턱다트 등으로 변형시킬 수 있다.
또 다트선의 모양이나 다트 포인트의 위치를 변화시켜 다양한 디자인을 연출할
수 있다.

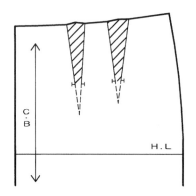

턱다트

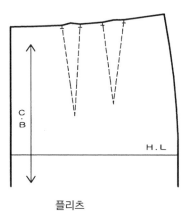

플리츠

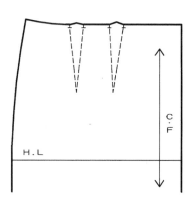

## 2) 옆선의 변형

스트레이트 스커트의 옆선을 안과 바깥으로 이동하는 것으로도 A-
라인이나 테이퍼드 스커트의 효과를 낼 수 있다. 이때 엉덩이둘레선의
품이 변화되지 않도록, 옆선이 자연스럽게 이어지도록 주의한다.

### (1) A-라인 스커트 : (A-line skirt)

① 옆선에서 엉덩이둘레선아래 10cm내려 1cm바깥으로 나간 점과
연결하여 옆선을 그린다.

② 밑단에서 옆선이 직각이 되도록 자연스러운 곡선으로 그려준다.

### (2) 테이퍼드 스커트 : (Tapered skirt)

① 옆선에서 엉덩이둘레선아래 10cm내려 1cm안으로 들어간 점과
연결하여 옆선을 그린다.

② 밑단에서 옆선이 직각이 되도록 자연스러운 곡선으로 그려준다.
밑단의 폭을 줄이면 활동에 제약이 되므로 길이를 짧게 하거나 트임을
주어야 한다.

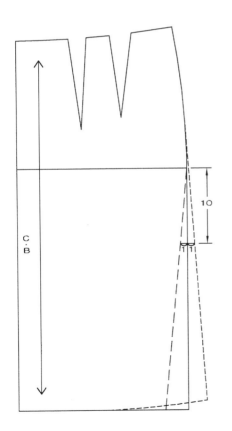

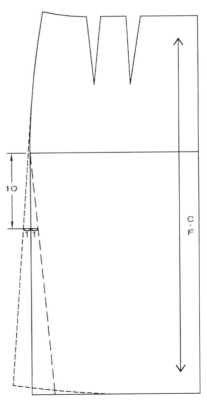

## 4. 플레어드 스커트(Flared skirt)

적은 양의 플레어는 다트량을 이용하지만 플레어의 양이 많아지면 따로 패턴을 절개하여 벌려준다. 수정된 다트의 스커트패턴을 준비한다.

### 1) A-라인 스커트(A-line skirt)

적은 양의 플레어드 스커트는 가는 허리에서 넓어진 밑단까지의 모양이 A와 흡사하여 A-line 스커트라고도 불린다. 적게는 옆선에서 늘려 주어도 충분하나 많은 양을 벌리기 위해서는 절개선을 주어 벌린다.

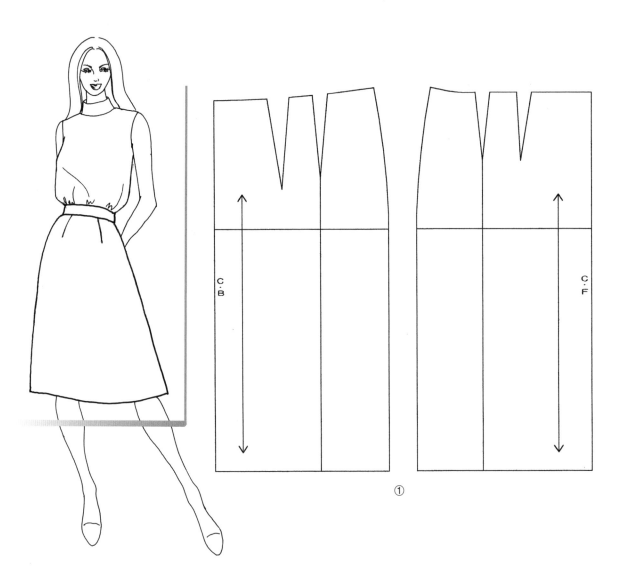

①

2부 패턴 디자인

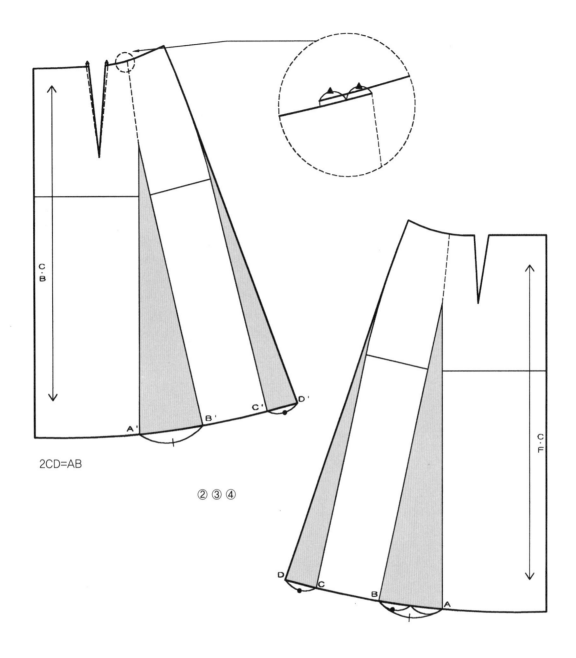

2CD=AB

②③④

① 스커트 기본 원형의 옆선 쪽 다트끝을 연장하여 절개선을 그린다.
② 다트를 접어 절개선을 벌린다. 뒤판은 앞판에서 벌어진 분량만큼 벌
  리고 남은 다트량은 뒤중심쪽 다트로 옮긴다.
③ 절개선의 벌어진 폭의 반만큼 옆선에서 늘려 주고 선을 정리한다.
④ 중심쪽 다트는 바디스와 같은 위치, 또는 알맞은 위치로 이동시킨다.
  다트량을 조절한 스커트 패턴을 사용하면 더욱 쉽다.

## 2) 플레어드 스커트(Flared skirt)

A-line 스커트보다 플레어가 많이 생기는 스커트로 두 개의 다트를 모두 접어
벌린다. 앞서 다트의 크기를 조절한 투다트 패턴을 1차 원형으로 사용하자.

① 다트의 끝점에서 밑단까지 절개선을 그린다.
② 다트를 접어 절개선을 벌린다.
③ 옆선에서 벌어진 양의 반만큼을 늘여 준다.
④ 앞, 뒤 패턴을 중심선에 맞춘 후 옆선의 모양을 살펴본
　　다. 옆선의 형태는 같아야 하며 옆선의 폭은 앞, 뒤에
　　서 2cm 이상 나지 않도록 한다. 다트량을 조절한 스
　　커트 패턴을 사용하지 않을 경우 만일 그 이상의 차이
　　가 나면 수정해 주도록 한다.

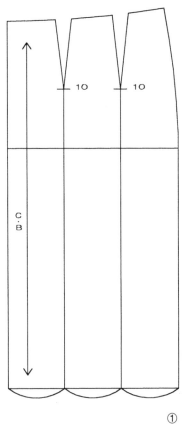
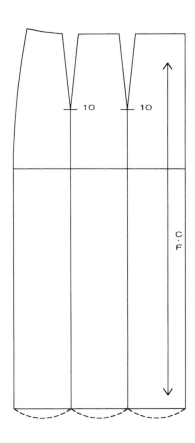

①

2부 패턴 디자인

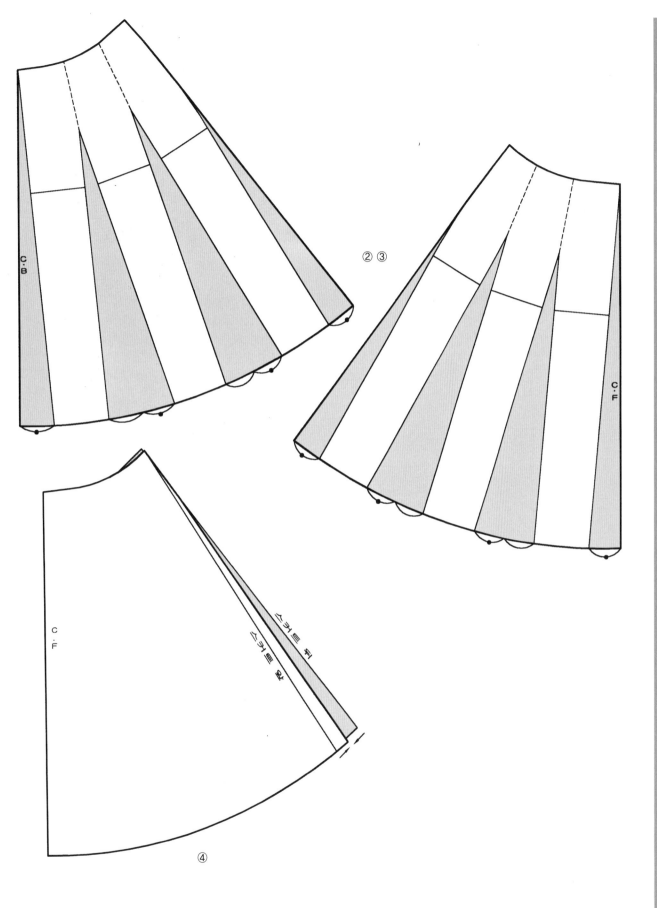

C.B

②③

C.F

C.F

스커트 뒤

스커트 앞

④

## 3) 서큘러 플레어 스커트(Circular flared skirt)

    360° 플레어드 스커트로 패턴 하나가 90°로 이루어진다. 서큘러 플레어 스커트는 천의 크기나 무늬에 따라 2장 또는 4장으로 만들 수 있고, 앞, 뒤 중심의 올 방향에 따라 플레어의 느낌이 달라진다. 같은 방법으로 360° 외에 원하는 폭의 플레어드 스커트를 제도할 수 있다.

    플레어드 스커트는 정확히 제도했어도 올방향에 따라 늘어지는 양이 다르다. 반드시 스커트를 제작한 후 단의 길이를 맞춰 주는 과정이 필요하다.

① 스커트 원형에 4~6등분의 절개선을 그린다.
② 중심으로부터 각 조각에 일련 번호를 정한다. 조각이 많아지면 혼동되지 않도록 일련번호를 주는 습관을 들이자.
③ 절개선을 따라 자른다. 다트량은 잘라내 버린다.

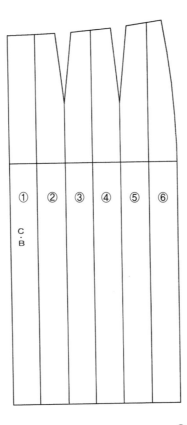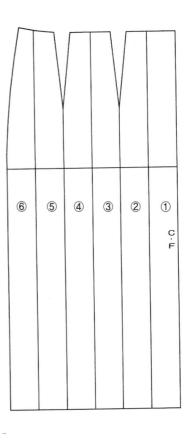

① ② ③

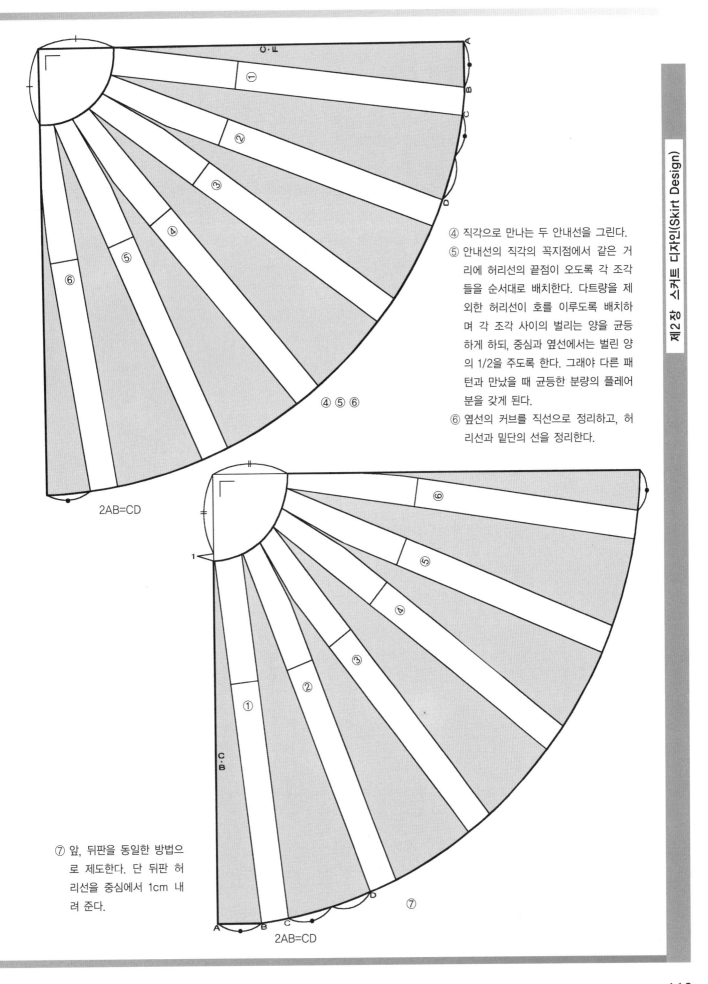

④ 직각으로 만나는 두 안내선을 그린다.

⑤ 안내선의 직각의 꼭지점에서 같은 거리에 허리선의 끝점이 오도록 각 조각들을 순서대로 배치한다. 다트량을 제외한 허리선이 호를 이루도록 배치하며 각 조각 사이의 벌리는 양을 균등하게 하되, 중심과 옆선에서는 벌린 양의 1/2을 주도록 한다. 그래야 다른 패턴과 만났을 때 균등한 분량의 플레어분을 갖게 된다.

⑥ 옆선의 커브를 직선으로 정리하고, 허리선과 밑단의 선을 정리한다.

⑦ 앞, 뒤판을 동일한 방법으로 제도한다. 단 뒤판 허리선을 중심에서 1cm 내려 준다.

2AB=CD

2AB=CD

113

## 5. 개더 스커트(Gathered skirt)

개더 스커트는 허리선의 남는 분량을 주름잡아 만든 디자인으로 다트 분량만 가지고는 보기 좋은 개더를 잡아주기 어렵다. 그러므로 패턴에 절개선을 넣어 개더분을 더해준다. 천의 성질이나 디자인에 따라 개더분을 조절하며 힘이 있고 두꺼운 감에는 개더량이 너무 많지 않도록 주의한다.

개더분을 더하는 위치와 벌린 양에 따라 H형, V형, A형의 스커트를 만들 수 있는 데, 이때 개더가 주는 느낌이 사뭇 다르다.

던들 스커트 (H형)          페그드 스커트(V형)          개더드 플레어드 스커트(A형)

# 1) 던들 스커트(Dundle skirt)

던들 스커트는 사각의 천을 허리밴드에서 모은 개더 스커트로 개더량은 디자인에 따라 달리할 수 있다. 폭이 넓은 천은 앞, 뒤 각각 1조각이면 충분하지만 천의 폭이 좁거나 개더를 많이 잡고 싶을 땐 조각을 나눠 재단해야 한다.

일반적으로 개더량은 허리선의 1.5~2.5배 정도로 한다. 패턴이 간단하므로 천의 안쪽에 초크로 직접 제도해도 된다.

① 원하는 스커트 길이로 세로선을 긋는다.
② 앞, 뒤 허리선의 길이에 더한 개더 분량만큼을 가로선으로 하는 사각형을 그린다.
③ 앞, 뒤 중심을 노치 표시하고 뒤중심은 1cm 내려 준다.

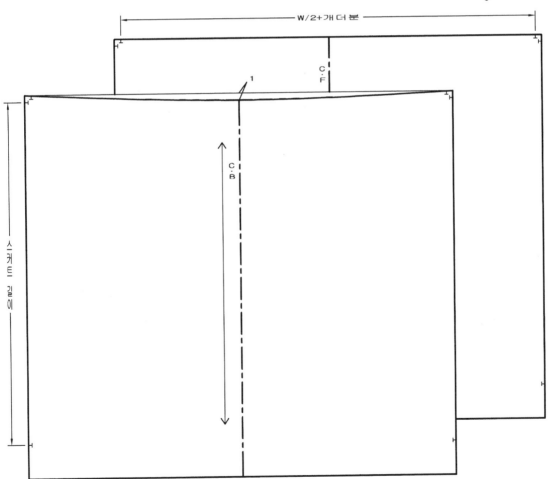

## 2) 플레어드 개더 스커트(Flared gather skirt)

스커트 원형에 3~6등분의 절개선을 주어 벌릴 때, 허리선보다 밑단에 여분을 더 주면 밑단의 넓은 폭이 플레어를 이루며 A-line의 개더 스커트가 된다. 이때 허리선의 곡선을 잘 맞춰야 보기 좋은 플레어와 개더를 연출할 수 있다. 투다트 스커트 원형을 기본으로 제도해 보자.

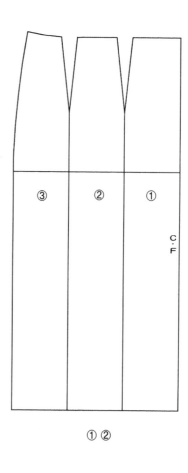

① 원형의 허리선을 3등분하여 수직선을 내린다.
② 중심으로부터 각 조각에 일련 번호를 정한다.
③ ①번 조각끝을 핀으로 고정시킨 채 ①번 조각을 허리선에서 원하는 분량의 분량만큼 벌린다.
④ ①번 조각의 벌어진 허리선을 고정시킨 채 ①번 조각의 밑단을 원하는 분량만큼 벌린다.
⑤ ②번 조각끝을 고정시킨 채 ③번 조각을 허리선에서 원하는 분량만큼 벌린다.
⑥ ②번 조각의 허리선을 고정시킨 채 ②번 조각의 밑단을 원하는 분량만큼 벌린다.

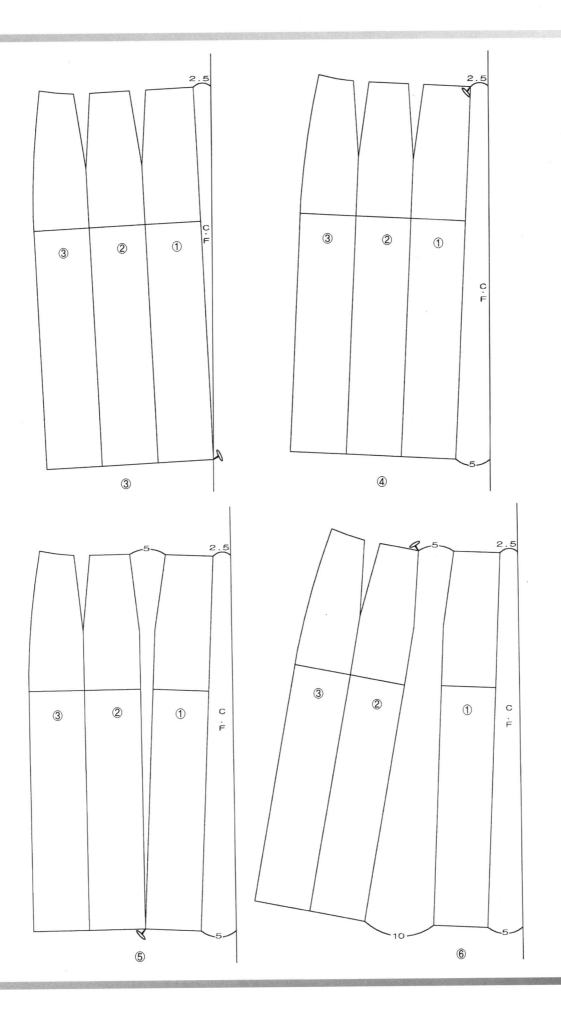

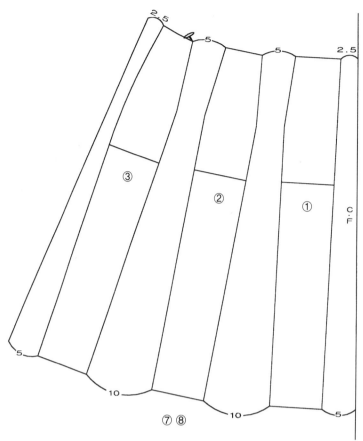

⑦⑧

⑦ 같은 방법으로 ③번 조각을
  벌린다.
⑧ 옆선과 중심에서 벌린 양의
  반만큼 더해준다.
⑨ 허리선과 밑단을 자연스러운
  곡선으로 정리한다.
⑩ 뒤판도 동일한 방법으로 제도
  한다.

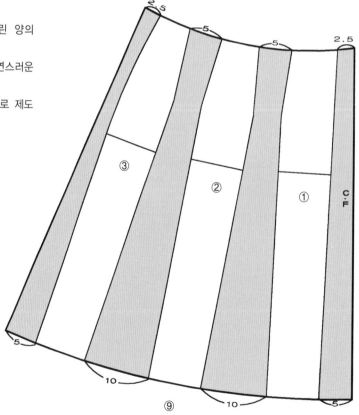

⑨

## 3) 페그드 개더 스커트(Pegged gather skirt)

페그드 스커트는 허리선 근처를 부풀리고 밑단으로 내려올수록 부피를 줄여 역
삼각형의 느낌을 주는 디자인이다. 허리선에서는 개더 이외에도 플리츠나 카울
등 여러 디자인으로 부풀릴 수 있다.

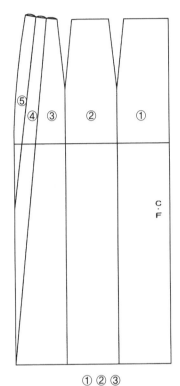

① ② ③

① 그림과 같이 원형의 허리선
  과 옆선에 여러 개의 절개선
  을 긋는다.
② 중심부터 옆선쪽으로 일련번
  호를 준다.
③ 밑단과 옆선이 떨어지지 않
  도록 주의하며 절개선을 따
  라 자른다.
④ 앞중심선이 수직선상에 있도
  록 주의하며 각 조각의 허리
  선을 벌린다. 밑단의 선이 약
  간 곡선이 된다.
⑤ 허리선과 옆선, 밑단을 자연
  스러운 곡선으로 정리한다.
⑥ 뒤판도 앞판과 같은 방법으
  로 제도한다.

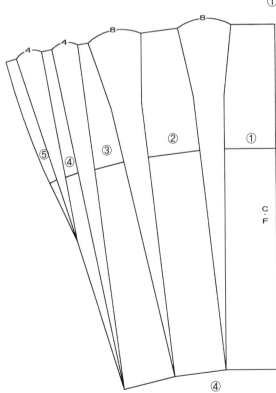

④

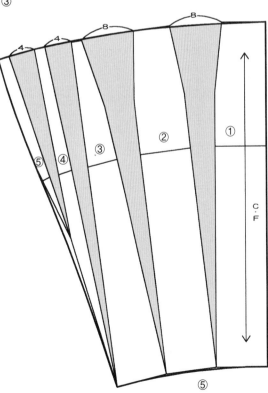

⑤

119

## 6. 고어드 스커트(Gored skirt)

고어드 스커트는 4~12쪽의 여러 개의 조각(panel)이 봉합된 스커트이다. 조각마다 원하는 디자인을 가미할 수 있으므로 여러 가지 스타일이 가능하다. 고어드 스커트의 디자인은 각 조각의 개수, 형태 뿐 아니라 직물의 성질, 조각의 올방향에 따라 다양한 실루엣을 연출할 수 있다.

조각이 많아지면 각 조각들을 올바로 봉합하기가 어려우므로 반드시 조각간에 통일된 노치 표시를 해 주어야 한다.

### 1) 종모양의 4폭 고어 스커트

허리에서 엉덩이까지는 자연스럽게 맞다가 밑단에서 퍼지는 모양이 마치 종을 연상하게 하는 실루엣이다. 다트를 접고 밑단을 벌려주는 데 이때 회전점(pivot point)의 위치에 따라 퍼지는 위치와 퍼지는 정도에 차이가 있다.

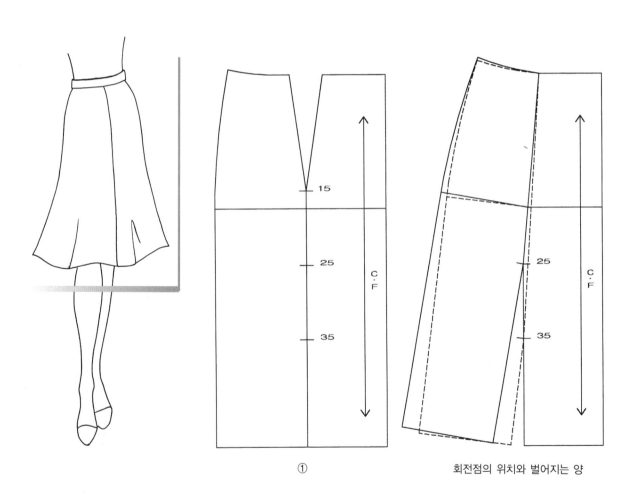

①                     회전점의 위치와 벌어지는 양

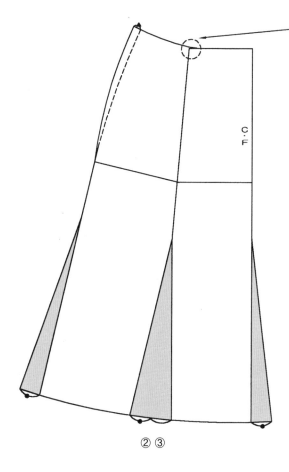

② ③

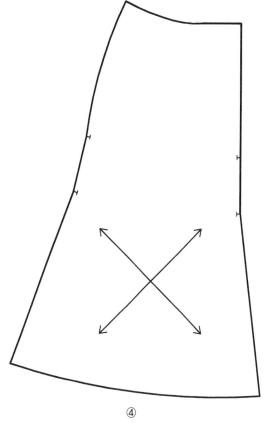

④

① 다트 1개인 1차 패턴에서 회전점(P)을
   정한다.
② 회전점을 중심으로 다트를 접고 밑단을
   벌린다. 벌어진 양이 부족할 경우 다트
   를 접은 위치에서 1~2cm 겹쳐 밑단에
   서 벌어지는 양을 늘리고 모자라는 허리
   선은 옆선에서 보충해준다.
③ 앞중심과 옆선에서도 벌어진 양의 1/2만
   큼 플레어분을 더해 준다.
④ 뒤도 앞과 같은 방법으로 한다. 올방향
   선은 바이어스로 한다.

## 2) A-라인의 6폭 고어 스커트

앞, 뒤가 각 3장으로 나뉜 디자인으로 앞, 뒤 중심이 곬로 된 디자인이다. 다트량에 따라 방법이 다르겠으나 일반적으로 앞뒤 각각 옆선다트의 반은 옆선에서 잘라 내고, 반은 다른 다트와 함께 고어선에 포함시켜 처리한다. 허리둘레와 엉덩이둘레간의 차이가 심해 다트량이 너무 많을 때는 다트를 잡아주어야 한다.

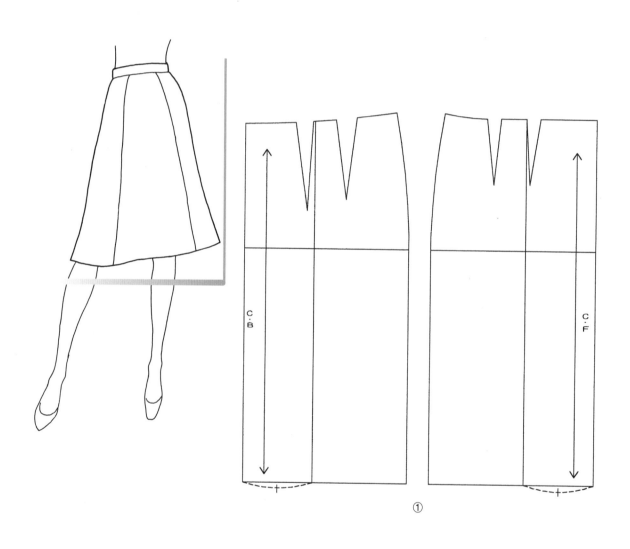

①

① 스커트 앞판의 첫 다트선의 옆선쪽
다트선으로부터 밑단에 수선을 긋는다.

2부 패턴 디자인

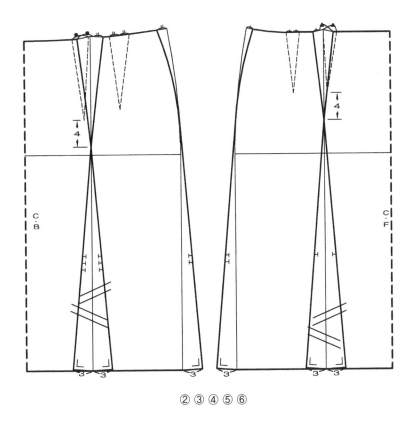

② ③ ④ ⑤ ⑥

② 다트포인트를 4cm 내려 표시한다.

③ 수선 양쪽으로 첫 다트량에 옆선쪽 다트량의 1/2을 더한 양을 표시한다.

④ 밑단에서 수선을 중심으로 양쪽 3cm를 표시한다.

⑤ 다트선에서 다트끝점을 지나 고어선에 보태준 분량(3cm)까지 연결한다. 고어선은 옆선을 그리는 방법처럼 다트선까지는 곡자를 이용하여 자연스럽게 그리고 다트선에서 밑단까지는 직선으로 그린다.

⑥ 다트량의 남은 1/2은 옆선에서 삭제해 주고 옆선쪽 밑단에서 3cm 보태준 선과 연결하여 자연스러운 옆선을 다시 그린다.

⑦ 절개하기전에 중심과 옆선 쪽에 모두 엉덩이 둘레선에 수직인 올 방향선을 긋는다.

⑧ 고어선을 따라 절개하고 다트는 잘라 낸다.

⑨ 뒤판은 앞판과 동일한 위치에 수선을 그은 후 앞판 제도방법과 동일한 방법으로 제도한다.

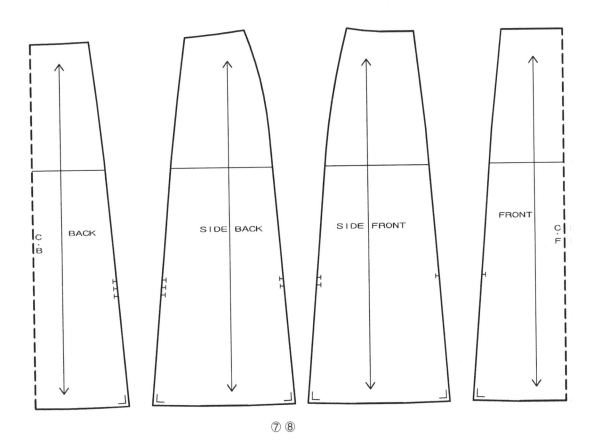

⑦ ⑧

# 7. 플리츠 스커트(Pleated skirt)

플리츠 스커트는 일정한 주름을 잡아 만든 스커트로 주름모양, 접은 방향에 따라 명칭이 다양하다. 플리츠를 일직선으로 만들어 주면 인체의 굴곡에 매끄럽게 맞지 못해 벌어진다. 이를 방지하기 위해 패턴의 다트를 이용하여 허리선에서 엉덩이둘레선까지의 곡선으로 만들어 주며 밑단에서는 주름분을 줄여 주어 편한 모양이 되도록 한다.

## 1) 플리츠의 이해

### (1) 플리츠의 종류

① 사이드 플리츠(Side pleats) : 주름이 한 방향으로 잡혀 있다.

② 인버티드 플리츠(Inverted pleats) : 같은 모양의 주름이 마주 보고있어 겉으로 잡힌 주름이 서로 만다.

③ 박스 플리츠(Box pleats) : 같은 모양의 주름이 서로 반대 방향으로 있어 겉으로 생긴 플리트의 모양이 박스 같다.

④ 아코디언 플리츠(Accordion pleats) : 아코디언의 풀무처럼 같은 깊이의 주름이 계속 잡혀 있다.

⑤ 선버스트 플리츠(Sun pleats) : 뻗어나는 햇살과도 같이 작은 주름에서 단으로 갈수록 넓은 주름을 이룬다.

⑥ 킥 플리츠(Kick pleats) : 주름의 모양에 상관없이 짧은 주름이 앞, 뒤중심이나, 옆선, 때로는 고어선에 잡혀 있다. 디자인과 함께 스커트의 활동성을 주기 위해 잘 이용한다.

### (2) 플리츠의 용어

① 주름 깊이(pleat depth, A-B) : 주름이 갖는 폭

② 주름분(pleat underlay, A-B-C) : 주름을 주기 위해 필요한 옷감의 가로 길이, 주름깊이×2

③ 주름간격(pleat spacing, C-A) : 한 주름에서 다음 주름까지의 거리

④ 주름 스커트의 모양은 주름 깊이와 주름 간격, 주름수에 의해 좌우되며 옷감의 필요량은 가로는 스커트 외곽선+(주름분×주름갯수)+시접, 세로는 스커트 길이+시접+단이다.

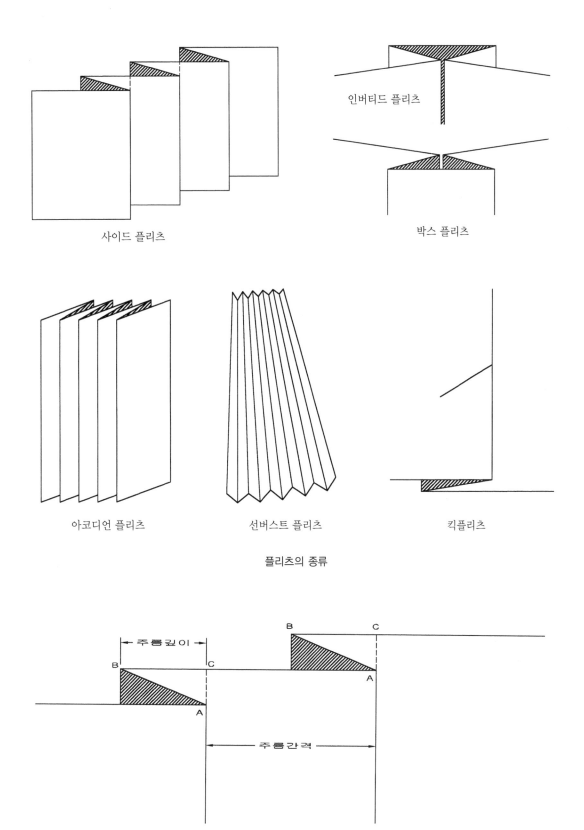

사이드 플리츠

인버티드 플리츠

박스 플리츠

아코디언 플리츠

선버스트 플리츠

킥플리츠

플리츠의 종류

플리츠의 용어

## 2) 제도

### (1) 맞주름 스커트(Inverted box pleats skirt)

A-라인의 스커트 양쪽에 인버티드 플리츠가 있는 스커트로 양쪽 인버티드 플리츠가 중심에서 다시 박스 플리츠를 이룬다. 디자인에 따라 플리츠의 일부에 스티치를 주기도 한다. 투다트 디자인을 이용하자.

① 첫 다트 중심점에서 밑단에 수직절개선(주름선)을 긋는다.
② 중심쪽 다트량을 안내선 양쪽으로 나눠 그린다. 마치 스커트의 옆선처럼 완만한 곡선으로 그려준다.
　옆선쪽에 있는 두 번째 다트는 여러 가지 방법으로 없앨 수 있다. 적은 양의 A-라인을 원할 땐 두 번째 다트량의 1/2은 옆선에서 삭제하고 나머지 반은 첫다트에 포함하여 주름으로 없애준다.
　좀 더 퍼지는 A-라인을 원할 때는 두 번째 다트를 접고 밑단에서 벌려준다.
③ 절개선을 벌려 원하는 주름분을 잡는다. 주름분은 외주름의 두배가 된다.

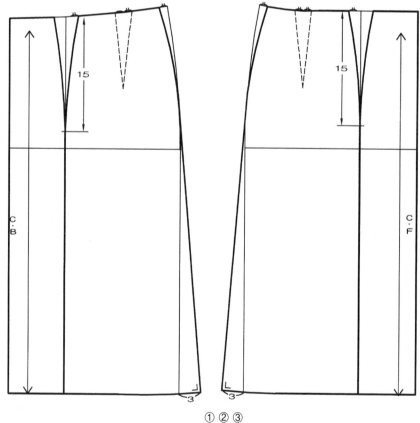

① ② ③

2부 패턴 디자인

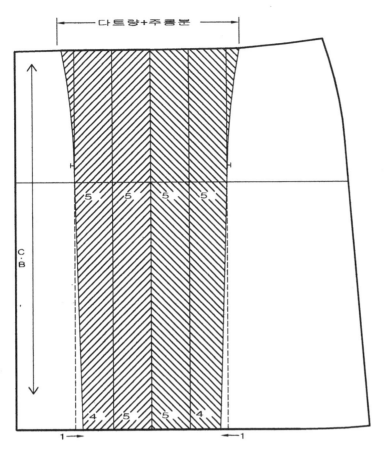

④ 다트량을 포함하고 밑단에서 양쪽으로 1cm씩 줄여 주름선을 다시 그려 준다. 허리선에서 엉덩이 둘레선까지는 곡자로, 밑단은 직선으로 연결한다.

⑤ 옆선에서 A-라인이 되도록 밑단에서 늘려 자연스러운 곡선으로 연결해 준다.

⑥ 주름을 접어 생기는 모양대로 허리선 및 밑단을 정리해준다.

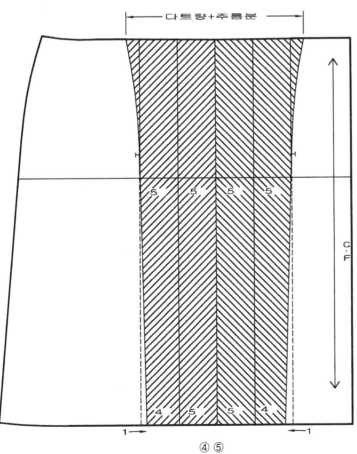

④ ⑤

## (2) 전체 주름 스커트(All-around pleated skirt)

같은 모양의 주름이 스커트 전체에 일정한 간격으로 잡힌 디자인으로 계산법이 필요한 제도이다. 개별적으로 주름을 잡기도 하나 주름이 잡힌 천을 구입하거나 전문 업체에 의뢰하여 열처리로 주름을 잡아오기도 한다. 기계주름의 경우 아코디언 플리츠, 선 버스트 플리츠 등 다양한 플리츠를 제작할 수 있다.

그러나 실제 소요량을 계산하여 제작해 보는 것이 플리츠를 이해하는 데 큰 도움이 된다. 주름을 밑단까지 잡지 않고 허리선에서만 잡아 주면 던들 스커트의 색다른 느낌을 줄 수 있다. 주름 계산법은 커튼 및 각종 드레이퍼리 제작에 응용할 수 있다.

주름으로 의복의 두께가 상당히 증가하므로 주름갯수, 감의 두께에 따라 허리둘레와 엉덩이둘레에 충분한 여유량을 주어야 한다. 여기서는 허리둘레에 4cm, 엉덩이둘레에 6cm의 여유분을 주었다.

전체 주름 스커트가 한 폭으로 가능하다면 봉제선은 한번만 주면 된다. 일반적으로 한 폭으로 가능하지 않으므로 총 소요되는 폭을 산출하여 감의 낭비나 모자람이 없도록 한다.

계속 규칙적인 제도가 반복되므로 천에 직접 제도할 수도 있다. 천에 제도하는 경우를 생각해서 시접을 포함하여 제도해 보자.

| 필요치수 | 기준치수 | 본인치수 |
|---|---|---|
| 허리둘레 | 68cm | cm |
| 엉덩이둘레 | 90cm | cm |
| 엉덩이길이 | 18cm | cm |
| 스커트길이 | 50cm | cm |

제도 치수

허리둘레(W) : 68+4(여유분)=72cm

엉덩이둘레(H) : 90+6(여유분)=96cm

주름 개수(n) : 24

주름 깊이(AB) : 3cm

주름분(CD) : 3×2=6cm

주름간격(BC) : 96÷24=4cm

총소요량 :96(H)+24(n)×6(CD)=240cm

허리주름추가분 : 〔96(H)−72(W)〕/24(n)=1cm

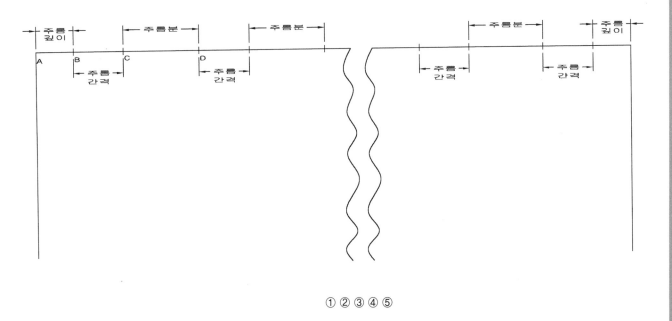

① ② ③ ④ ⑤

① 가로 : 총소요량/2, 세로 : 스커트 길이가 되는 사각형을 그린다. 만일 총소요량에 시접을 더한
  양이 옷감의 폭에 포함되면 가로 길이를 총소요량으로 잡는다.
② 허리선의 끝(A)에서부터 주름깊이(AB)를 표시한다.
③ 주름깊이 끝(B)에서 주름간격(BC)를 표시한다.
④ 주름간격 끝(C)에서 주름분(CD)를 표시한다.
⑤ 마지막에 주름 깊이분량이 남을 때까지 ③, ④의 과정을 계속 반복한다. 양쪽의 주름깊이는 두
  천이 서로 봉합되면서 하나의 주름분을 형성하여 온전한 주름이 생기게 된다.

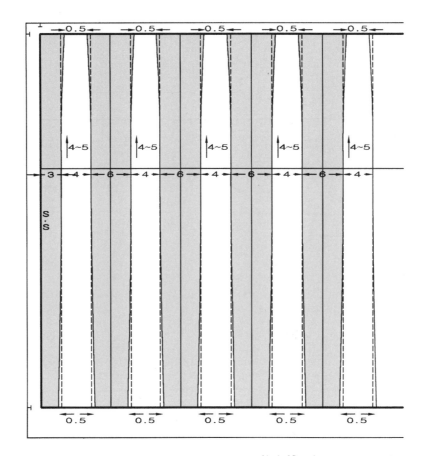

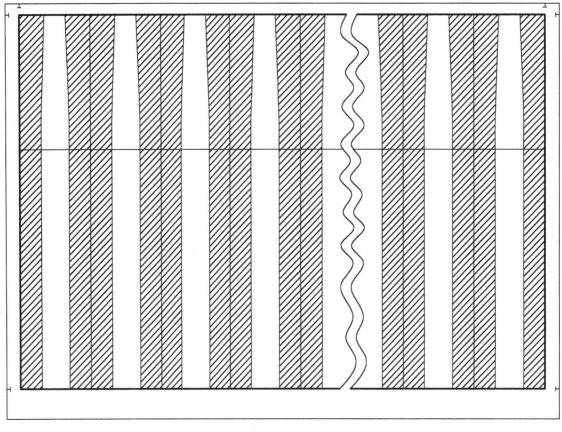

⑥ ⑦ ⑧ ⑨ ⑩ ⑪

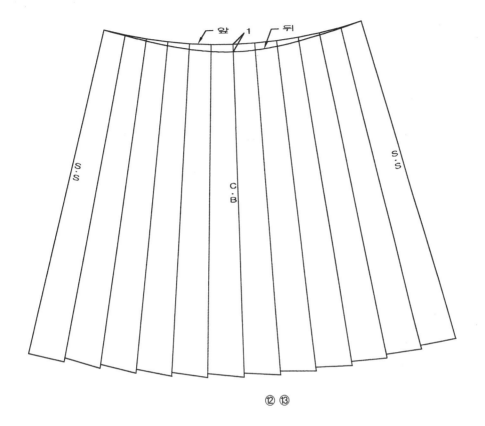

⑫ ⑬

⑥ 엉덩이 길이에 수평선을 긋는다.

⑦ 허리선에서 주름분의 양쪽에 0.5cm씩 주름분을 추가한다.

⑧ 허리선에 추가된 주름분과 엉덩이둘레선을 곡자를 이용하여 자연스러운 곡선으로 연결한다. 엉덩이둘레선에서 4~5cm 올라간 점에서 곡선이 끝나도록 한다.

⑨ 밑단에서 주름분의 안쪽으로 0.5cm씩 주름분을 없앤다.

⑩ 엉덩이둘레선과 삭제된 주름분의 위치를 직선으로 연결한다.

⑪ 허리선과 옆선, 밑단에 시접을 표시한다.

⑫ 주름분을 각각 접어 완성선을 정리한다.

⑬ 주름분을 각각 접은 상태에서 뒤판 허리선을 1cm 깎아 준다.

⑭ 주름분을 접은 상태에서 허리선과 밑단의 시접을 정리한다.

# 제3장

# 소매 디자인
*Sleeve Design*

소매는 의복의 일부분에 지나지 않으나 의상으로서의 역할은 상당하다. 패션의 역사를 보여주는 선도적인 역할을 했다고 해도 과장된 표현이 아닐 정도로 소매는 유행의 흐름에 따라 강조되기도 하고 위축되기도 하면서 가장 크고 많은 변화를 보인 의복 부위이기도 하다.

또 소매는 인체 중 활동량이 가장 큰 팔을 감싸므로 심미적인 요소 뿐 아니라 기능적인 면이 패턴에서 매우 강조된다. 심미적인 면에서는 바디스와 연결되어 옷의 조화를 이루도록 하여야 한다. 소매 길이와 폭, 소매산, 소매부리, 길과 연결되는 모양에 따라 다양한 디자인이 가능하다.

## 1. 소매의 이해

### 1) 소매의 분류

#### (1) 형태에 따른분류

소매는 소매와 길의 연결방법에 따라 길에 소매를 다는 스타일과 길과 소매가 연결된 스타일이 있으며 크게 세 가지의 기본 형태로 분류된다.

① 셋인 소매(set-in sleeve) : 바디스와 소매 패턴이 각각 분리 제도되어 진동둘레에 소매가 달리는 형태로 가장 전형적인 스타일이다. 소매가 분리되므로 다양한 형태의 디자인이 가능하다.

② 라글란 소매(raglan sleeve) : 소매가 분리되긴 했으나 소매에 길의 일부 즉, 어깨가 포함된 디자인이다. 소매의 끝이 목둘레선까지 연장되어 있다. 남성적인 느낌이 들며 소매에 여유분이 있는 것은 활동이 자유로워 운동복이나 캐쥬얼 웨어로도 사용된다.

③ 기모노 소매(kimono sleeve) : 소매와 길이 분리되어 있지 않고 하나로 연결
되어 있다. 대신 소매의 앞, 뒤판이 분리되어 소매 중심선에 봉제선이 있다. 형태
에 따라 돌만, 배트윙 소매 등이 있다.

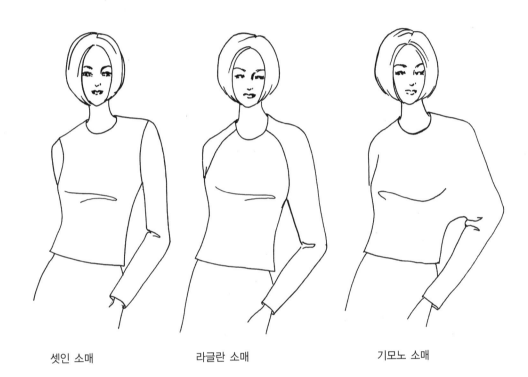

셋인 소매     라글란 소매     기모노 소매

### (2) 소매 길이에 따른 분류

소매 길이는 소매가 아예 없는 디자인에서 팔을 전부 덮는 디자인까지 매우 다양하다. 대부분의 소매 길이는 피복부위의 보온여부와 밀접한 관계가 있어 계절

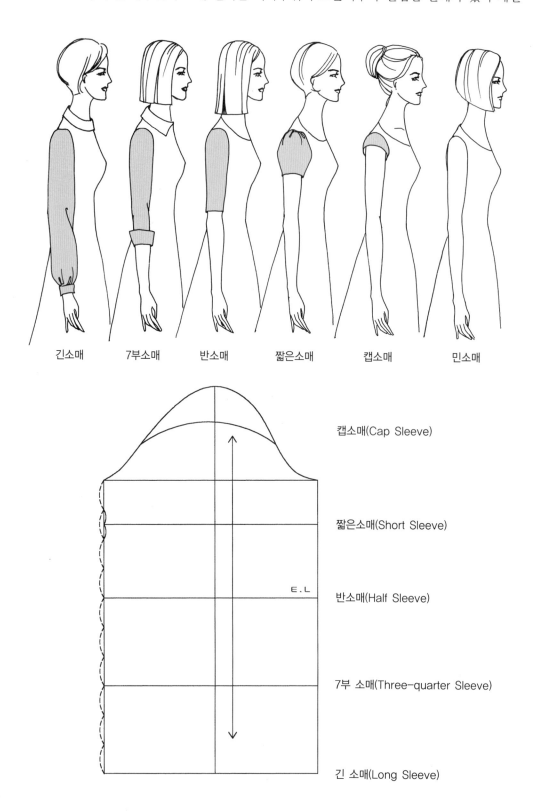

긴소매　　7부소매　　반소매　　짧은소매　　캡소매　　민소매

캡소매(Cap Sleeve)

짧은소매(Short Sleeve)

E.L　반소매(Half Sleeve)

7부 소매(Three-quarter Sleeve)

긴 소매(Long Sleeve)

2부 패턴 디자인

에 따라 소매 길이가 일반화되기도 하나 냉난방이 자유로운 현대사회에서는 소매의 길이가 기후보다는 디자인에 더욱 영향을 받고 있다.

### (3) 소매산과 소매폭

소매산 높이는 소매의 모양과 기능에 직접적인 영향을 준다. 옷의 종류, 디자인에 따라 차이가 있으나 일반적으로 일상복이나 정장류의 소매산 높이는 A.H./4+2~4cm, 활동복은 A.H./5~A.H./6 정도로 한다.

그림에서 팔을 들어올릴수록 소매산 높이를 결정하는 A-B길이는 줄어드는 반면 소매폭을 결정하는 요소인 B-C는 점점 늘어나는 것을 알 수 있다. 즉, 팔의 운동량이 클 때 낮은 소매산과 넓은 소매폭, 긴 소매밑선, 완만한 소매둘레선을 가진 패턴이 된다. 팔의 운동량이 적은 경우 소매산이 높고 소매폭이 좁으며, 소매밑선도 짧고 소매 둘레선의 굴곡이 뚜렷한 패턴이 된다.

높은 소매산을 가진 소매는 팔을 내린 상태를 기준으로 패턴을 제작하였으므로 팔을 가지런히 내린 상태에서 외관상 보기 좋지만 팔을 들어올릴 때는 불편한 소매가 되며, 팔을 들어올릴 경우를 감안하여 소매산을 낮춘 소매는 동작하기 쉬우나 팔을 내렸을 때 남는 여유분으로 주름이 생겨 외관상 보기 좋지 않다. 그러므로 의복의 용도에 따라 요구되는 활동량과 미적인 요인을 감안하여 소매산 높이 및 소매폭을 정해야 한다.

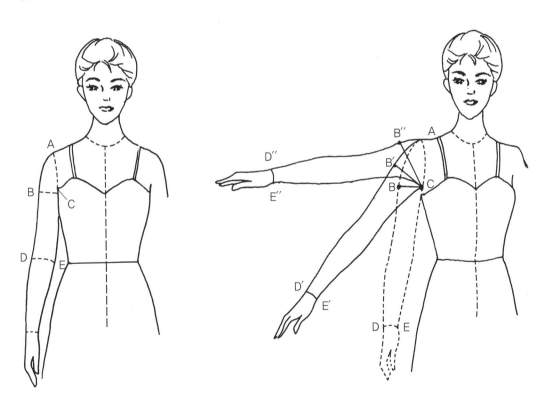

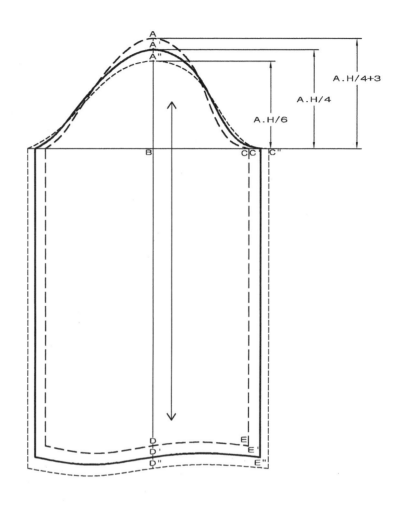

**소매산과 소매폭에 따른 상대적 비교**

| 소매산 | 소매폭 | 소매밑선 | 기능성 | 심미성 |
|--------|--------|----------|--------|--------|
| 높다 | 좁다 | 짧다 | 나쁘다 | 좋다 |
| 낮다 | 넓다 | 길다 | 좋다 | 나쁘다 |

## 2. 피티드 셋인 슬리브(Fitted set-in sleeve)

셋인 슬리브는 바디스와 분리된 패턴을 제도하므로 패턴을 자유로이 변형시킬 수 있어 다양한 디자인이 가능하다. 패턴의 변형을 두고 분류한다면 세 가지로 분류할 수 있다. 하나는 팔의 모양을 따라 큰 변형 없이 소매를 제작하는 것이고 또 다른 형태는 바디스와 연결되는 소매산 둘레에 부피감을 준 것, 소매부리에 부피감을 준 것으로 나눌 수 있다.

셋인 슬리브는 바디스와 진동둘레에서 분리된 모든 소매를 일컫는 명칭이나 큰 변형 없이 팔의 형태에 맞춘 전자의 것을 일컫는 용어로도 사용된다. 디자인에 따라 다르겠지만 커프스가 없는 경우 대개 소매부리의 폭을 좁혀 준다.

### 1) 원피스 피티드 슬리브(One-piece fitted sleeve)

팔을 자연스럽게 내리면 일직선이 아니라 약간 앞으로 구부러져 있는 것을 알 수 있다. 또 팔을 굽힐 때 팔꿈치 쪽이 늘어나므로 패턴 제작시 이를 고려해 주어야 한다. 소매통이 넓으면 이런 것들이 문제되지 않으나 좁은 소매에서는 팔의 굽은 형태를 고려해 주어야 활동에 지장이 없다. 소매 원형을 이용하여 제도해 보자.

한 장 소매(one piece sleeve)는 팔꿈치에 다트가 있는 것과, 팔꿈치 다트를 소매 부리로 이동시킨 것이 있다. 재킷과 원피스 드레스 등의 외출복에 많이 활용되며 소매 디자인으로 가장 많이 사용되는 형태이다.

## (1) 팔꿈치의 다트

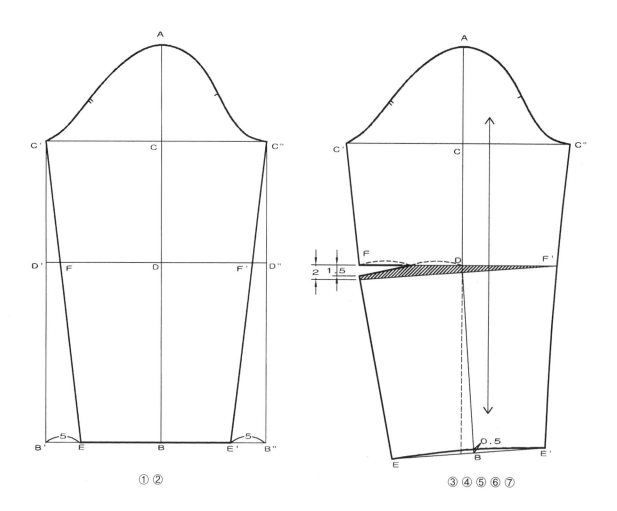

① ②　　　　　　　③ ④ ⑤ ⑥ ⑦

① 소매부리폭 : 점 B에서 좌우로 기본 소매폭보다 5cm적은 분량을 잡아(약 12cm) E, E′를 표시한다. (BE=BB′-5cm, BE′=BB″-5cm)
② 소매밑선 : 점 C′, C″와 점 E, E′를 각각 연결한다.
③ 새로 생긴 팔꿈치선 FF′를 절개하여 F′는 고정시킨 채 F에서 2cm되게 벌린다.
④ 팔꿈치 다트 : 벌어진 분량 중 1.5cm는 다트량으로, 다트 선의 길이는 FD/2로 하는 다트를 그린다. 나머지 0.5cm는 봉제시 오그림분으로 사용한다.
⑤ 앞, 뒤 소매 밑선을 자연스러운 곡선으로 정리한다.
⑥ 소매부리선을 중심에서 0.5cm 올려 자연스러운 곡선으로 정리한다.
⑦ 소매산에서 시작된 중심선을 따라 올방향선을 다시 그려 준다.
　　소매 원형 위에 겹쳐 소매의 형태가 어떻게 변화되어 졌나 살펴보자. 소매 중심이 앞쪽으로 이동한 것을 확인할 수 있다.

## (2) 소매부리의 다트

다트의 위치를 소매부리로 옮기면 부드러운 느낌을 주어 여성스러운 디자인에 주로 이용된다. 생긴 모양을 보고 한장 반 소매라고도 불린다. 앞서 제작한 팔꿈치 다트의 패턴을 사용한다.

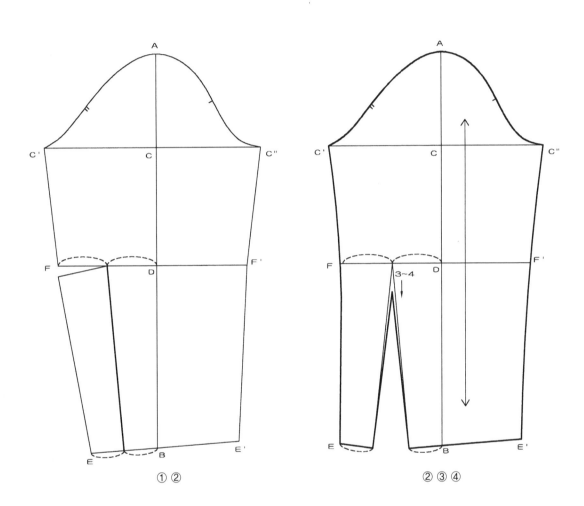

① ②　　　　　　　② ③ ④

① 다트 끝점에서 소매 부리선의 뒤폭을 이등분한 점까지 절개선을 그린다.
② 절개선을 절개한 후 팔꿈치 다트를 접어 벌린다.
③ 팔꿈치선에서 3~4cm 내려 다트선을 그린다. 다트선은 시접을 두고 잘라내어 트임 위치로 사용되기도 한다.
④ 다트 이동으로 꺽인 소매 밑선을 자연스럽게 그려준다.

## 2) 투피스 피티드 슬리브(Two-piece fitted sleeve)

소매패턴을 두 장으로 분리하여 제도한 소매로 한 장으로 된 소매보다 더욱 입체감이 있고 팔의 모양을 자연스럽게 감싼다. 재킷, 코트 등 정장 외의류에 주로 사용되므로 앞, 뒤 길에서 진동둘레를 늘려주고 늘어난 양을 소매산에서 보충해 준다. 소매원형을 이용하여 제도하자.

① **기초선 :**
ⓐ 앞, 뒤 소매폭을 각각 이등분하는 선을 그린다.
ⓑ 이등분선을 접어 양쪽 바깥 소매둘레선을 안쪽에 옮겨 그린다.
ⓒ 소매부리 중심에서 2cm앞쪽으로 이동한 점과 팔꿈치선의 중심을 연결한다. 피티드 슬리브를 만들기 위해 소매 중심선을 이동한 것이다.

② **소매부리폭 :**
이동한 소매 중심점에서 앞, 뒤 양쪽으로 분할하여 소매부리폭을 잡는다.

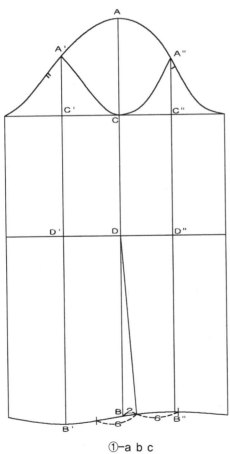

①-a b c

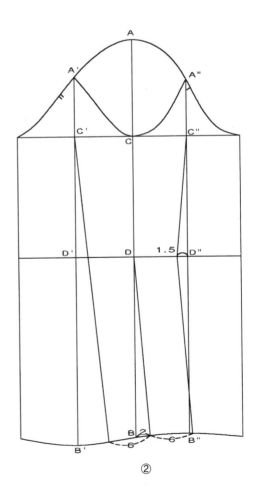

②

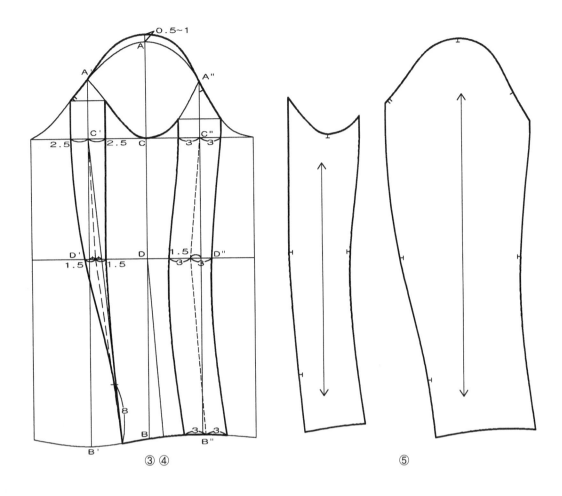

③ ④                              ⑤

**③ 앞소매밑선**

ⓐ 기준선 : 팔꿈치선에서 앞소매폭의 이등분선의 안쪽으로 1.5cm 들어간 후 소매폭의 이등
분점과 뒤소매부리폭을 연결한다.

ⓑ 안소매밑선 : 기준선에서 각각 3cm 들어간 선을 자연스러운 곡선으로 그린다.

ⓒ 바깥소매밑선 : 기준선에서 각각 3cm 나간 선을 자연스러운 곡선으로 그린다.

**④ 뒤소매밑선**

ⓐ 기준선 : 소매폭과 앞소매부리폭을 직선으로 연결한 후 팔꿈치선에서 앞소매폭의 이등분
점과 직선간의 간격을 이등분한다. 이점을 소매폭과 소매부리에 연결한다.

ⓑ 안소매밑선 : 기준선으로부터 소매폭은 2.5cm, 팔꿈치선은 각각 1.5cm 들어간 점을 지
나 소매부리폭에 닿는 선을 자연스러운 곡선으로 그린다.

ⓒ 트임 위치 : 안소매밑선의 부리쪽에서 8~9cm 올라간 점에 소매트임 위치를 표시한다.

ⓓ 바깥소매밑선 : 기준선으로부터 소매폭은 2.5cm, 팔꿈치선은 1.5cm 나간 점을 지나 트
임위치에 닿는 선을 자연스러운 곡선으로 그린다.

**⑤ 완성선 :**

ⓐ 바깥소매 : 바깥소매 밑선과 닿은 소매둘레, 소매부리를 따라 자른다.어깨 패드가 있는 경
우 패드 두께만큼 소매둘레를 올려 준다.

ⓑ 안소매 : 안소매 밑선과 닿은 소매둘레, 소매부리를 따라 자른다. 어깨패드가 있는 경우
패드두께만큼 소매둘레를 올려 준다.

### 3) 캡 소매(Cap sleeve)

어깨 끝만 덮는 가장 짧은 소매로 시원하고 깜찍한 느낌을 준다. 여름옷에 소매가 없는 것보다 단정해 보인다.

소매 원형의 소매산 부분을 이용하며 소매산 높이를 약간 내려주면 소매산의 이즈를 없애고 소매부리가 약간 들떠 귀여운 느낌을 더해 준다.

① 소매 원형의 소매산 높이를 1cm 내려준다. 소매가 팔에서 약간 들떠 보이길 원하면 2~3cm를 내려준다.
② 원하는 길이만큼 소매부리를 그린다. 소매부리는 직선보다는 중심쪽을 곡선으로 약간 파주는 것이 보기 좋다.
③ 소매 밑선이 있는 경우 소매 부리폭을 줄여 준다.

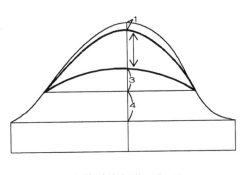

소매 밑선이 없는 캡소매

①②

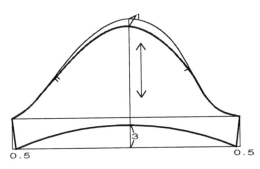

소매 밑선이 있는 캡소매

①②③

2부 패턴 디자인

## 3. 커프스가 있는 소매

또 다른 보편적인 소매 디자인은 부풀린 소매부리에 커프스를 다는 형태이다. 커프스는 거추장스러운 소매의 끝을 모아 주므로 단정하고 기능적이며 용도에 따라 바람막이가 되어 보온의 역할도 한다.

셔츠, 블라우스, 점퍼 등의 다양한 의복에 사용되는 소매 형태이다. 소매 길이는 전체 소매길이에서 커프스 길이를 제외해야 하나 디자인에 따라 부풀리는 특징을 표현해 주기 위하여 길이를 추가한다.

### 1) 커프스(Cuffs)

커프스에는 여러 가지 디자인이 있다. 커프스의 폭을 다양하게 할 수도 있고 커프스의 끝을 둥글리거나 삐죽 튀어나오게 만들기도 한다. 디자인에 따라 여밈분을 주기도하고 별도의 여밈분 없이 소매부리 폭에 맞추기도 한다. 소매폭이 넓은 커프스는 팔의 모양을 따라 위쪽을 넓혀 주어야 한다. 커프스만 변형을 주어도 소매의 느낌이 사뭇 다르다.

여러가지 커프스

143

## 2) 셔츠 소매(Shirts sleeve)

소매산이 낮고 소매 부리에 커프스가 달린 기능적인 소매로 셔츠 디자인에 사용되는 전형적인 소매이다. 소매산 둘레에 이즈분을 거의 주지 않는다. 소매원형을 1차 패턴으로 사용하여 제도한다.

① 소매산 높이를 1cm내려 이즈분을 없앤다.
② 낮아진 소매산 중심점에서 소매길이-커프스 폭+여유분이 되는 길이를 잡아, 원형의 소매부리선에 평행되게 부리선을 그린다.
③ 소매부리는 손목둘레에 여유분과 주름분을 더해 소매 중심선 좌우로 균일하게 잡고 소매 밑선을 긋는다.
④ 뒤쪽 소매부리의 이등분선에서 6~8cm 길이로 소매 트임선을 그린다.
⑤ 소매 트임선에서 앞쪽에 1.5cm 간격으로 3cm의 주름분을 그린다.
⑥ 정해진 폭을 세로로, 주름이 접힌 상태의 소매부리를 가로로 하는 커프스를 그린다.

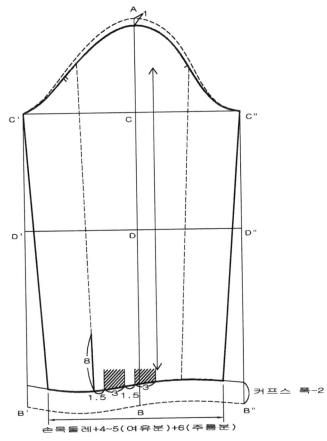

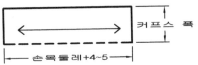

커프스 폭

손목둘레+4~5

손목둘레+4~5(여유분)+6(주름분)

커프스 폭-2

1.5 3 1.5

8

## 3) 비숍 소매(Bishop sleeve)

소매 부리의 풍성한 개더분을 커프스나 바이어스 단, 고무줄 처리 등으로 모아 준 여성스러운 디자인이다. 기능성과 미적인 효과를 더하기 위하여 소매 뒤쪽에 여유분을 추가한다. 소매 달림선에 이즈(ease)가 많으면 보기에 좋지 않아 소매 중심을 약간 겹쳐 이즈분을 줄여준다.

앞보다는 뒤에, 밑선쪽 보다는 중심쪽에 벌리는 양을 많게 둔다. 소매 원형을 이용하여 제도하자.

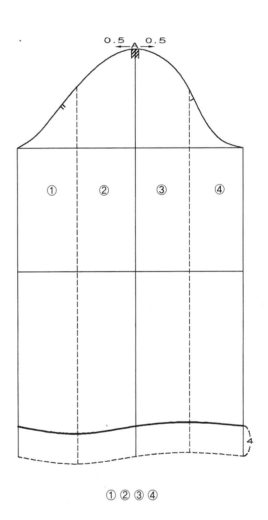

① 커프스 폭을 뺀 길이만큼 소매원형의 부리
　 선과 평행하게 그린다.
② 소매산 중심에서 소매둘레선에 각각
　 0.5cm 되는 점을 표시한다.
③ 소매 원형의 앞, 뒤에 등분선을 그린다.
④ 각 등분선을 따라 절개한다.

① ② ③ ④

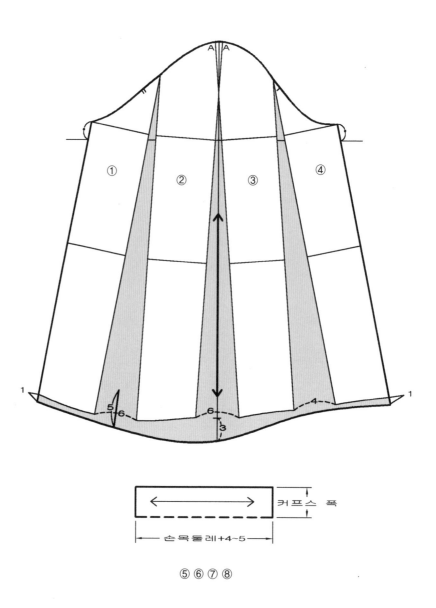

⑤⑥⑦⑧

⑤ 소매 중심을 1cm 겹치면서 각 절개선을 벌려준다. 앞은 적게, 중심과 뒤는 많이 벌린다.
⑥ 벌린 양에 따라 소매부리를 2~4cm 내려 그린다. 소매 밑에 생긴 볼륨이 자연스럽게 부풀어 지도록 길이를 늘리는 것이다.
⑦ 뒤쪽 벌린 중심에 5~7cm 길이의 트임위치를 표시한다.
⑧ 커프스의 길이는 손목둘레+4~5cm, 폭은 정한 길이로 한다. 디자인에 따라 차이가 있으나 일반적으로 비숍 슬리브의 커프스 폭은 셔츠 슬리브의 커프스보다 짧다.

## 4. 퍼프 소매(Puff sleeve)

퍼프 소매는 짧은 소매를 부풀린 디자인으로 어린이나 젊은이에게 어울리는 귀여운 디자인이다. 퍼프의 양과 위치에 따라 그 느낌이 매우 다르다. 어깨의 퍼프를 강조하기 위하여 어깨에 패드를 넣거나 어깨선을 줄여 어깨가 작은 느낌을 주기도 한다. 소매 원형에 절개선을 주어 원하는 부위에 원하는 양만큼 벌려 만든다.

### 1) 소매부리의 퍼프

볼륨을 준 소매 부리를 커프스나 바이어스 테이프로 모아 주어 소매 부리에 퍼프가 생기게 한다. 겨드랑이 쪽에 퍼프가 있으면 불편하고 보기에도 좋지 않다. 그러므로 퍼프량은 주로 중심과 뒤쪽에 집중적으로 준다. 소매 부리가 풍성할 때 소매 달림선에 이즈가 많으면 예쁘지 않으므로 소매산의 이즈분을 줄인다.

① 소매원형의 소매폭선에서 5~7cm 길이로 자른다.
② 앞, 뒤 소매폭을 각각 2등분하고 중심쪽 등분폭을 다시 2등분한다.
③ 소매산 중심의 양쪽으로 0.5cm 되는 점을 표시한다.
④ 패턴을 다시 그릴 종이에 수직으로 교차되는 소매 중심선과 소매폭선을 그린다.
⑤ 등분선을 따라 패턴을 절개한다.
⑥ 소매산 중심을 1cm 겹치면서 소매 부리에서 각 절개선을 동일한 분량으로 벌린다.
　이 때 1차 패턴의 소매 중심이 중심선에 놓이도록 하며 패턴의 변형된 앞, 뒤 소매 폭선이 새로 그은 소매폭선에서 동일한 분량만큼 변화되었는지 확인한다.
⑦ 소매 부리의 중심에서 3~4cm 내려와 곡선으로 그려 준다.
⑧ 윤곽선을 자연스럽게 정리한다.

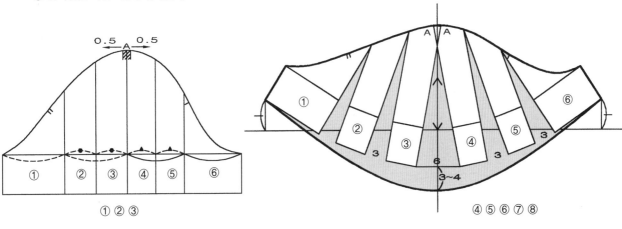

147

## 2) 소매산의 퍼프

소매산에 퍼프를 준 디자인으로 어깨가 넓어 보인다. 따라서, 이 소매를 제작할 때에 길의 어깨길이를 줄여 주기도 한다. 소매산둘레가 넓기 때문에 소매부리를 좁게 만들어 주는 것이 보기 좋다.

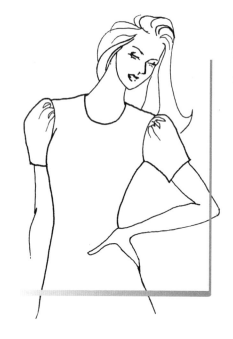

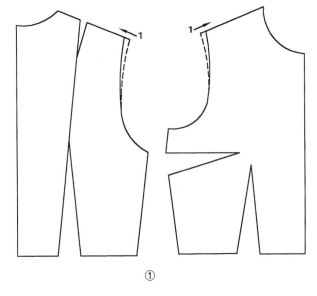

①

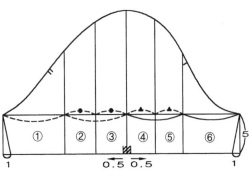

②③④⑤

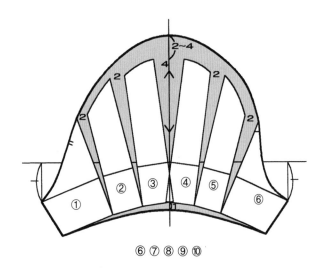

⑥⑦⑧⑨⑩

① 바디스 패턴의 어깨 길이를 0.5~1cm 줄여 준다.
② 소매원형의 소매폭선에서 5~7cm 길이로 자른다.
③ 소매 부리의 폭을 좁혀 주기 위해 양쪽에서 각각 1cm를 좁혀 준다.
④ 소매부리선에서 소매 중심선 양쪽으로 0.5cm씩 표시한다.
⑤ 앞, 뒤 소매폭을 각각 2등분하고 중심쪽 등분선을 다시 2등분한다.
⑥ 패턴을 다시 그릴 종이에 수직으로 교차되는 소매 중심선과 소매폭선을 그린다.
⑦ 등분선을 따라 패턴을 절개한다.
⑧ 소매부리 중심을 1cm 겹치면서 소매산 둘레에서 각 절개선을 동일한 분량으로 벌린다.
　이 때 1차 패턴의 소매 중심이 중심선에 놓이도록 하며 패턴의 변형된 앞, 뒤 소매 폭선이 새로 그은 소매폭선에서 동일한 분량만큼 변화되었는 지 확인한다.
⑨ 소매 둘레의 중심에서 2~4cm 올려 곡선으로 그려 준다
⑩ 소매 부리도 중심에서 1~2cm 내려 자연스럽게 둥글린다.

2부 패턴 디자인

### 3) 소매산과 소매부리의 퍼프

소매산과 부리에 모두 퍼프를 넣은 소매로서 어깨와 가슴이 강조되는 디자인이다. 이 소매를 제작할 때에도 바디스 패턴의 어깨 길이를 0.5~1cm 줄여 준다.

소매산과 소매 부리에 같은 양의 퍼프를 넣으면 원통형이 되어 예쁘지 못하다. 그러므로 소매산보다 많은 양의 퍼프를 소매부리에 준다.

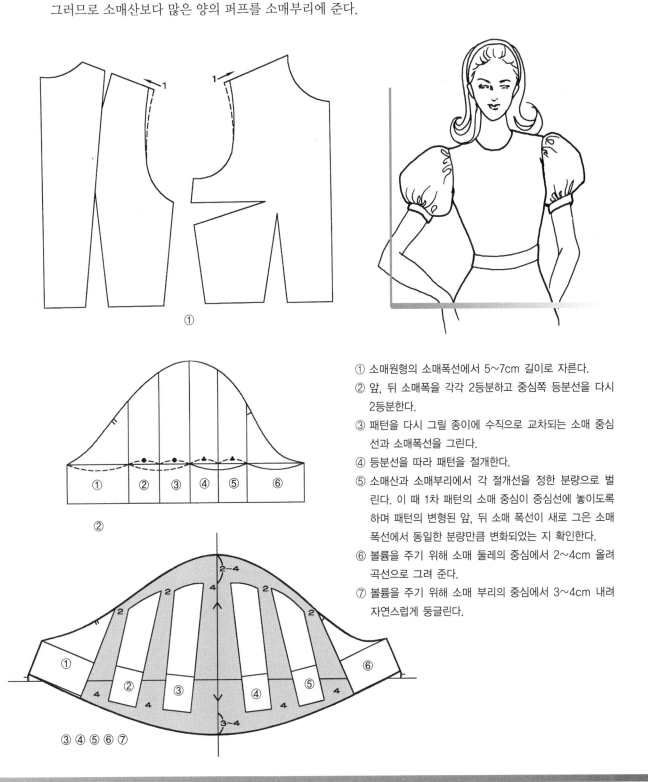

① 소매원형의 소매폭선에서 5~7cm 길이로 자른다.
② 앞, 뒤 소매폭을 각각 2등분하고 중심쪽 등분선을 다시 2등분한다.
③ 패턴을 다시 그릴 종이에 수직으로 교차되는 소매 중심선과 소매폭선을 그린다.
④ 등분선을 따라 패턴을 절개한다.
⑤ 소매산과 소매부리에서 각 절개선을 정한 분량으로 벌린다. 이 때 1차 패턴의 소매 중심이 중심선에 놓이도록 하며 패턴의 변형된 앞, 뒤 소매 폭선이 새로 그은 소매 폭선에서 동일한 분량만큼 변화되었는 지 확인한다.
⑥ 볼륨을 주기 위해 소매 둘레의 중심에서 2~4cm 올려 곡선으로 그려 준다.
⑦ 볼륨을 주기 위해 소매 부리의 중심에서 3~4cm 내려 자연스럽게 둥글린다.

## 5. 케이프 소매(Cape sleeve)

소매 모양이 마치 케이프를 두른 듯한 디자인으로 소매 부리를 벌려 플레어 (flare)분을 만든다. 플레어 스커트와 같은 실루엣을 가지며 절개선의 수와 벌린 양에 따라 플레어의 형태가 다양하다.

① 소매원형의 소매폭선에서 7~10cm 길이로 자른다.
② 앞, 뒤 소매폭을 각각 4등분한다.
③ 소매산 중심의 양쪽으로 0.5cm 되는 점을 표시한다.
④ 패턴을 다시 그릴 종이에 소매산 중심에서 소매 중심선과 수직으로 교차되는 선(안내선)을 그린다.
⑤ 등분선을 따라 패턴을 절개한다.
⑥ 소매산 중심을 1cm 겹치면서 차례로 소매 부리에서 각 절개선을 벌린다. 벌리는 양은 디자인에 따라 조절할 수 있다.
  이 때 패턴의 소매 중심이 중심선에 놓이도록 하며 패턴의 앞, 뒤쪽에 벌어진 분량이 고르도록, 안내선으로부터 앞, 뒤 소매폭선 및 소매부리 끝이 같은 간격에 있도록 유의하며 각 조각을 배치한다.
⑦ 소매산둘레와 소매부리선을 자연스럽게 정리한다.

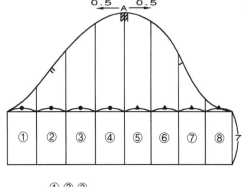

① ② ③

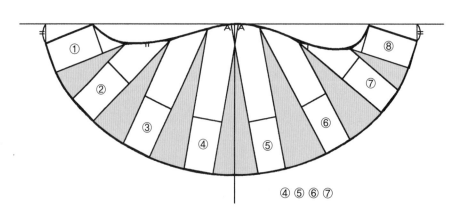

④ ⑤ ⑥ ⑦

# 6. 레그오브머튼 소매(Leg of mutton sleeve)

소매산에 개더나 턱을 과장되게 잡고 소매 부리로 갈수록 점차 좁아지는 소매모양이 마치 양(mutton)의 다리와도 같아서 생긴 이름이다. 파티복이나 웨딩 드레스 등 격식을 갖춘 드레스(formal dress)에 많이 사용되는 디자인이다. 소매 부리에 피티드 다트가 있는 피티드 소매를 이용한다.

① 앞, 뒤 소매폭에서 팔꿈치선까지의 길이를 이등분하여 소매 밑선에 표시한다.
② 소매산 중심점에서 10cm 내려온 점과 소매 밑선에 표시한 점들을 연결한다.
③ 연결된 선들을 절개한다.
④ 소매산 중심선에서 각각 7cm 되게 벌린 후 다른 조각들을 조화있게 배치한다.
⑤ 소매산 중심에서 3~5cm 올려 자연스러운 소매둘레선을 그린다.
⑥ 팔꿈치선에서 3~5cm 내려 소매 부리의 다트선을 그린다.

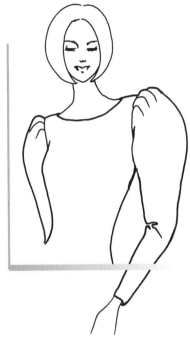

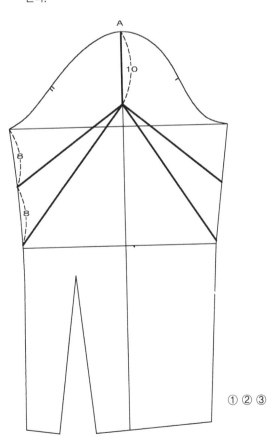

①②③

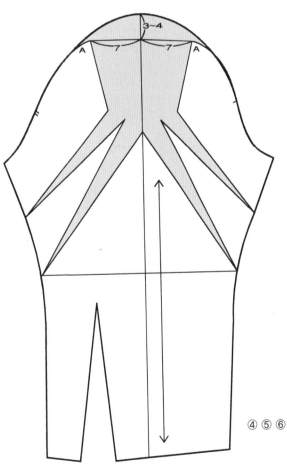

④⑤⑥

# 7. 돌만 슬리브(Dolman sleeve)

터키 사람들이 입는 돌만이라는 케이프가 달린 긴 외투에서 유래된 소매로 진동선이 없이 길과 소매가 한 장으로 되어 있다. 돌만 소매는 일반적으로 진동 둘레가 넓고 소매 부리가 좁아 팔을 들어올릴 때 길이 함께 당겨지므로 그다지 기능적인 소매가 되지 못한다. 또 진동둘레가 거의 허리선에 닿는 듯한 느낌을 주어 키가 작은 체형에는 어울리지 않는다.

돌만 슬리브를 위해서는 주로 옆선다트를 삭제한 앞판 원형을 사용하며 뒤판 원형은 어깨다트를 삭제하거나 목다트로 이동한 패턴을 사용한다. 슬리브와 길과의 연결방법에 따라 다양한 제도가 가능하다.

## 1) 제도의 원리

### (1) 길원형의 수정

앞길의 진동 깊이는 뒤길에 비해 적기 때문에 앞소매가 뒤소매에 비해 상대적으로 작다. 이를 그대로 봉합하면 앞, 뒤의 균형이 맞지 않아 소매가 뒤틀리고 보기에도 좋지 않으며 불편한 의복이 된다. 그러므로 길과 연결되어 있는 소매는 소매 패턴을 제작하기 전에 길원형의 앞, 뒤 진동 깊이를 조절해 주는 일이 우선

① 뒤길 원형의 어깨다트를 접어 진동으로 이동한다.
② 뒤길의 어깨점과 겨드랑점에서 뒤중심선에 수직인 안내선을 연장하여 긋는다.
③ 앞길 원형의 진동선에 B.P에서 시작하는 절개선을 긋는다.
④ 어깨점 안내선에 앞길의 어깨점을 맞춘다.
⑤ 앞 진동깊이가 뒤 진동깊이와 같을 때까지 절개선을 벌린다.
⑥ 벌어진 진동둘레선을 자연스럽게 연결한다.

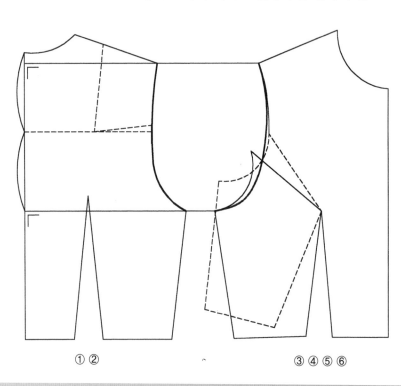

①②        ③④⑤⑥

되어야 한다.

### (2) 소매의 각도

길원형의 어깨끝점에 소매산 중심을 고정시키고 위, 아래로 회전하여 두 패턴의 연결상태를 결정한다. 소매를 올릴수록 진동둘레 부위의 여유분이 많아지고 활동성이 커진다. 의도한 디자인에 따라 소매의 각도를 결정한다.

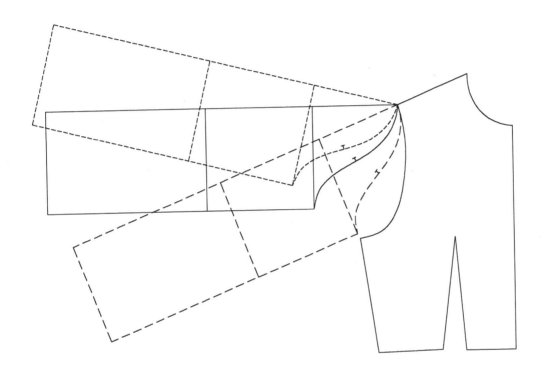

### (3) 소매 밑선과 옆선과의 연결

소매의 형태가 정해지면 소매 밑선과 옆선을 자연스러운 곡선으로 연결한다. 연결상태는 원하는 디자인에 따라 경사가 심한 곡선에서 완만한 곡선까지 그려준다. 어떠한 방법이든 소매 중심선의 길이, 소매 밑선 및 옆선의 길이는 반드시 앞과 뒤의 치수가 조화되어야 한다.

## 2) 제도

진동 깊이를 조절한 앞길과 뒤길 패턴을 사용한다.

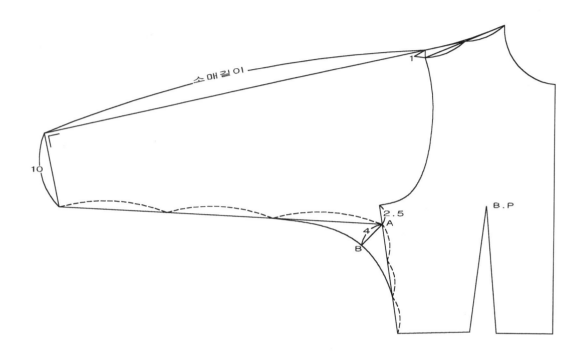

**앞판**

① 소매 중심선 : 어깨선의 중심에서 어깨끝점에서 1cm 올린 점을 지나 소
   매길이만큼 연장선을 긋는다.

② 소매부리폭 : 소매끝에서 직각을 내려 9~10cm의 길이를 잡는다.

③ 소매 밑선 및 옆선 :

 ⓐ 겨드랑점에서 2.5cm 내린 점(A)과 소매 부리를 연결한다.

 ⓑ A에서 사선으로 4cm 되는 점 B를 잡는다.

 ⓒ 소매밑선의 1/3 지점에서 B를 지나 옆선의 1/3 지점까지 이르는 자연
    스러운 곡선을 그린다. 이 곡선은 소매 밑선과 옆선을 연결하는 선이다.

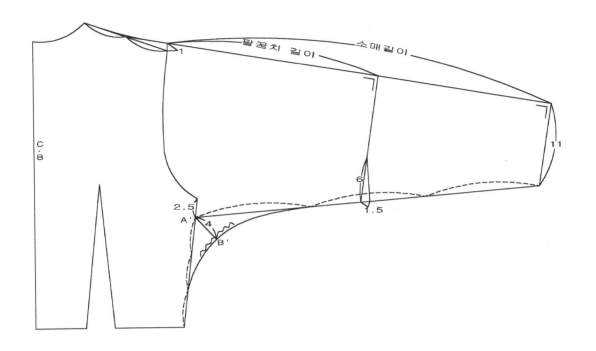

**뒤판**

① 소매 중심선 : 어깨선의 중심에서 어깨점에서 1cm 올린 점을 지나 소매 길이만큼 연장선을 긋는다.

② 소매부리폭 : 소매끝에서 직각을 내려 10~11cm의 길이를 잡는다.

③ 소매 밑선 및 옆선 :

ⓐ 겨드랑점에서 2.5cm 내린 점(A′)과 소매 부리를 연결한다.

ⓑ A에서 사선으로 4cm 되는 점 B′를 잡는다.

ⓒ 소매밑선의 1/3 지점에서 B′를 지나 옆선의 1/3 지점까지 이르는 자연스러운 곡선을 그린다. 이 곡선은 소매 밑선과 옆선을 연결하는 선이다. 앞판과 뒤판의 소매 중심선, 소매 밑선, 옆선을 각각 맞춰보고 길이가 일치하는 가 확인한다. 뒤판의 밑선은 앞판의 밑선보다 2~2.5cm 길다. 이 중 1.5cm는 다트를 잡고 나머지는 이즈분으로 사용한다.

## 8. 래글런 슬리브(Raglan sleeve)

래글런 슬리브는 길의 일부가 소매에 연결된 것으로 남성적인 이미지를 주는 디자인이다. 디자인에 따라 꼭 맞는(close fitting) 형태의 소매와 넉넉한(loose fitting) 형태가 가능하며 진동둘레 부분에 여유가 있는 것은 활동적인 의복에 사용된다. 제도방법도 길에 소매 원형을 붙여 제도하는 경우와 원형을 사용하지 않고 어깨선을 연장하는 방법이 있다. 남녀 코트 등에 많이 활용되며, 여유분이 많은 래글런 슬리브는 스포츠 웨어 등에 많이 이용된다.

## 1) 기초선

① 소매산 중심에서 소매산에 수선(안내선)을 긋는다.
② 앞길 진동둘레의 너치가 앞소매둘레의 너치와 일치하도록, 앞어깨끝점이
   안내선상에 위치하도록 앞길을 배치한다.
③ 같은 방법으로 뒤길을 배치한다.

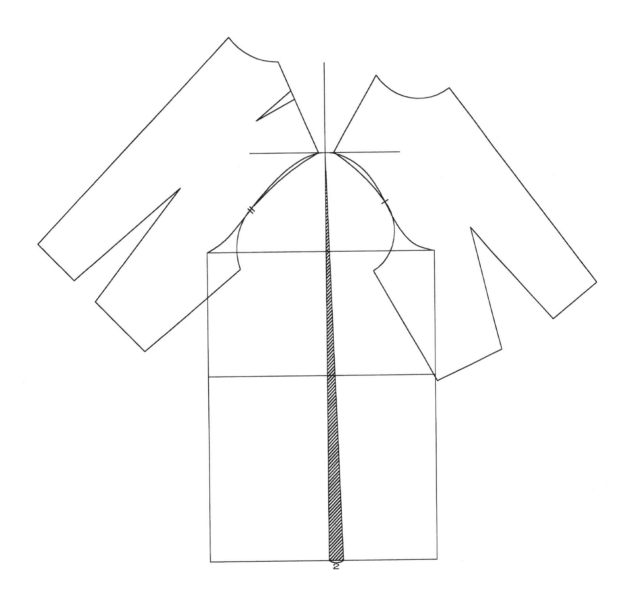

## 2) 완성선

**앞소매**

① 목옆점에서 목둘레선을 따라 2.5cm되는 지점과 진동둘레의 너치를 직선으로 연결한다.

② 직선위로 자연스러운 라글란 선을 유지하며 너치아래의 소매둘레선과 연결한다. 합쳐지는 선 아래의 진동둘레선과 소매둘레선의 길이는 반드시 일치하여야 한다.

③ 소매폭에서 2.5cm 올린 점과 어깨선을 자연스러운 곡선으로 연결한다.

④ 소매 중심선에서 앞쪽으로 1.5cm 삭제하며 소매중심선을 연결한다.

⑤ 원하는 소매폭(손목둘레/2+2~4cm)을 잡아 소매 밑선을 그린다.

**뒤소매**

뒤소매도 앞소매와 동일한 방법으로 제도하며 소매 중심선에서 삭제하는 양이 없다.

① 목옆점에서 목둘레선을 따라 2.5cm 되는 지점과 진동둘레의 너치를직선으로 연결한다.

② 직선위로 자연스러운 라글란 선을 유지하며 너치 아래의 소매둘레선과 연결한다.

③ 소매폭에서 2.5cm 올린 점과 어깨선을 자연스러운 곡선으로 연결한후 소매부리까지 소매중심선을 연결한다.

④ 원하는 소매폭(앞소매폭+1cm)을 잡아 소매 밑선을 그린다.

⑤ 어깨다트를 접어 삭제하고 자연스러운 곡선으로 정리한다.

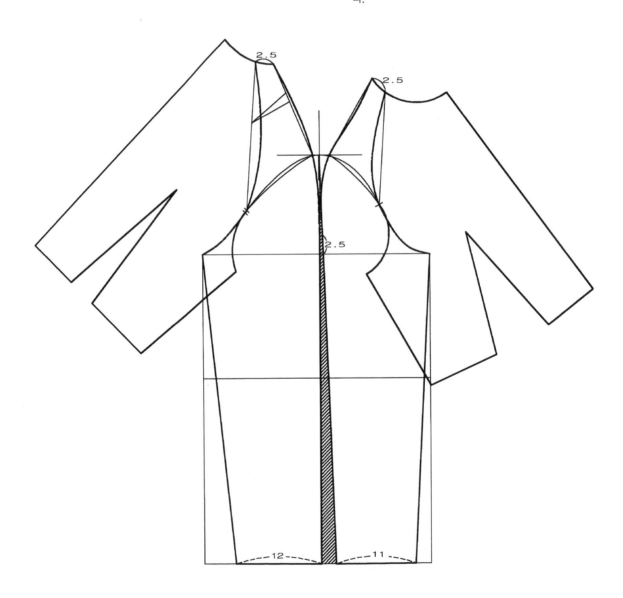

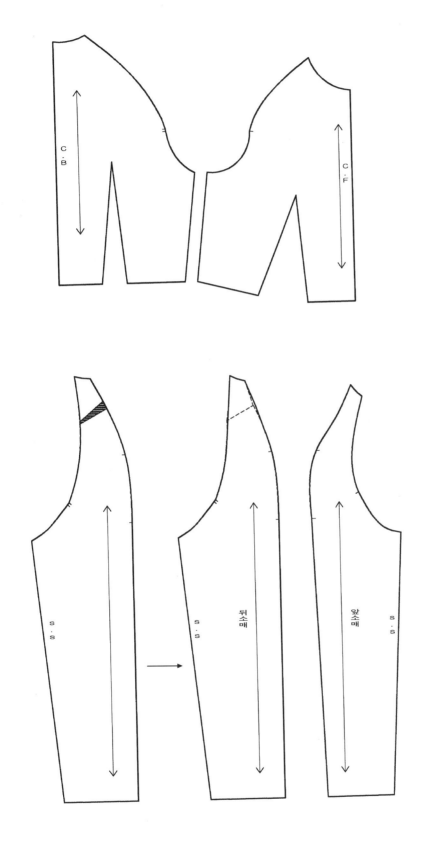

# 제4장

# 칼라와 목 디자인
## Collar and
## Neck Design

칼라는 목 부위의 모양을 결정하는 의복의 한 부분으로 얼굴과 가까이 있기 때문에 착용자의 인상에 큰 영향을 미친다. 그러므로 얼굴형과 조화되도록 디자인하고 구성해야 한다. 보기 좋고 착용감있는 칼라를 제작하기 위해서는 목과 어깨의 구조를 이해하는 것이 중요하다.

## 1. 칼라의 이해

### 1) 칼라의 용어

칼라는 위치하는 부분에 따라 다음과 같은 명칭을 갖는다.

① 칼라 달림선(neckline edge) :

길의 목둘레선과 만나 봉제되는 부분으로 길의 목둘레선 치수와 같다.

② 칼라 외곽선(collar edge) :

칼라의 테두리 모양을 결정하는 선으로 칼라의 외관을 직접적으로 결정한다.

③ 칼라 꺾임선(roll line) :

칼라가 목둘레선에서 펼쳐지지 않고 한번 접혀지는 모양을 가질 때 안쪽으로 선 부분과 바깥쪽으로 보이는 부분을 나누는 선이다.

꺾임선을 중심으로 두 개의 칼라로 나뉘어져 솔기가 있는 경우와 솔기없이 하나의 칼라로 만들어진 경우가 있다.

④ 칼라 세움분(collar stand)

접혀진 칼라에서 안쪽으로 세워진 칼라부분의 높이로서 칼라 달림선에서 칼라 꺾임선까지의 높이가 된다.

⑤ 겉칼라분(collar fall) :

뒤중심의 꺽임선에서 외곽까지의 폭으로 칼라세움분보다 크다.

칼라의 모양은 어느 하나의 성분에 의해 좌우되는 것이 아니라 이 모든 부분이
서로 연관되어 칼라의 외관을 좌우한다. 칼라는 목둘레선(neckline)과 외곽선
(collar edge)으로 제도되어 칼라의 본을 형성하고, 이것이 입체화되었을 때 목둘
레선의 모양에 따라 칼라의 서는 부분(stand)과 접히는 선(roll line)이 결정되어
칼라를 형성한다.

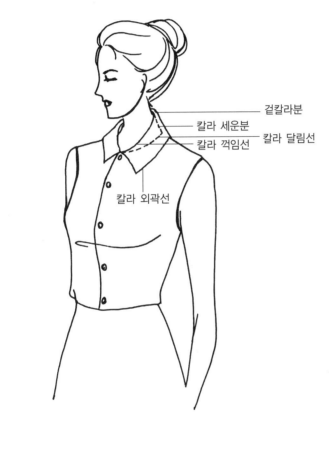

## 2) 칼라의 종류

칼라는 모양, 만들어진 방법, 입는 방법에 따라 여러 가지로 분류된다.

### (1) 칼라의 착용 방법에 따라

① 컨버터블 칼라(convertible collar) : 목둘레선에 있는 단추를 잠근 경우와 풀렀을 때 생기는 칼라의 모양이 다르며 두 가지 방법으로 칼라의 전환이 가능할 때 컨버터블 칼라라 한다.

② 넌컨버터블 칼라(non-convertible collar) : 목둘레선을 잠그고 입도록 제작되어 한 가지 형태로만 사용되는 칼라를 이르며 주로 플랫 칼라 계열이다.

컨버터블 칼라                                   넌컨버터블 칼라

## (2) 길원형과의 연결 상태에 따라

① 길과 분리된 칼라(seperate set-in collar) : 칼라가 분리, 제도되어 목둘레선에서 연결되는 칼라로 플랫, 롤칼라, 만다린 칼라 등 대부분의 칼라 들이 이에 속한다. 따로 제도하므로 셋인 슬리브의 특성과 같이 여러 가지 자유로운 디자인이 가능하다.

② 길과 연결되어 칼라를 구성하는 칼라(collar with lapel) : 숄 칼라나 테일러드 칼라는 목에서 가슴으로 내려오는 길의 일부가 젖혀져 칼라를 형성한다. 이렇게 길이 칼라의 모양을 이루는 부분을 라펠(lapel)이라 하는 데 테일러드 칼라는 라펠과 칼라가 연결되어 칼라의 형태를 이루고, 숄 칼라는 라펠이 하나의 칼라를 형성한다. 주로 재킷, 코트 등 외의에 사용되는 칼라 디자인이다.

163

### (3) 패턴의 칼라 달림선의 모양에 따라

목뒤점을 중심으로 그려지는 칼라 달림선의 모양에 따라 칼라의 형태, 서는 분량 등을 짐작할 수 있다.

① 목둘레선 형태의 칼라 달림선 : 칼라 달림선이 목밑둘레선의 형태를 따르는 칼라들은 스탠드 분이 거의 없이 칼라가 어깨에 편평하게 놓인다. 칼라의 형태를 원의 일부분이라 가정할 때 목둘레선이 원의 중심에서 가까운 호를 이루며 칼라 외곽선은 칼라 달림선보다 원에서 먼 호로, 칼라 달림선보다 큰 외곽선을 이루리라는 것을 짐작할 수 있다.

칼라 달림선의 곡이 강할수록 스탠드 분이 적어 어깨에 눕는 칼라가 되며, 목둘레선의 곡보다 더 굽었을 땐 외곽선이 남아 어깨에서 플레어가 지는 칼라가 된다.

② 직선 형태의 칼라 달림선 : 목둘레선이 직선이면 칼라 달림선의 길이와 칼라 외곽선의 길이가 같게 되며 목둘레에서 묶어 주는 타이 칼라, 보우 칼라나 스트레이트 칼라 등이 이러한 목둘레선을 갖는다.

③ 목둘레선과 반대 형태의 칼라 달림선 : 목둘레선이 호의 일부라 생각할 때 목둘레선이 칼라 달림선보다 바깥쪽 호를 그리는 형태이다. 즉 칼라 외곽선의 길이가 칼라 달림선의 길이보다 적어 스탠드 분만 있고 꺾이는 부분은 없이 선 형태의 칼라이다. 만다린 칼라, 차이니즈 칼라 등이 이에 속하며 목둘레선의 곡이 강할수록 칼라 외곽선이 목에 붙는 형태의 칼라가 된다.

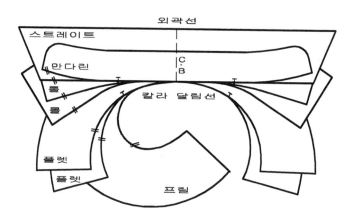

## 2. 칼라의 제도

### 1) 플랫 칼라(Flat collar)

스탠드 분이 거의 없이 어깨에 편평하게 놓이는 칼라로 단추를 항상 잠근 채로 모양이 되는 넌컨버터블 칼라이다. 칼라 폭이 좁고 끝을 둥글린 플랫 칼라는 피터팬 칼라라 불린다.

목둘레선과 어깨의 형태를 따르므로 앞, 뒤 바디스 패턴을 맞춰 제도한다. 어깨에 완전히 편평하게 놓이는 칼라라 할지라도 목둘레선에서 약간 접혀 들어가므로 이 치수를 감안해 주기 위해 어깨를 조금 겹쳐준다. 어깨의 겹침분이 많을수록 스탠드 분이 늘어나지만 어깨를 겹치는 방법으로 늘일 수 있는 스탠드 분은 한계가 있다. 많은 양의 스탠드 분을 원할 땐 뒤에 배울 다른 방법으로 제도하여야 한다.

바디스 패턴의 목둘레선 모양과 칼라 외곽선의 모양에 따라 스테인 칼라(stain collar), 이튼 칼라(eton collar), 세일러 칼라(sailor collar) 등 여러 칼라의 변형이 가능하다.

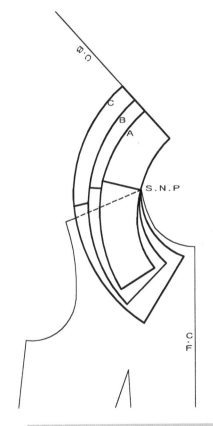

Tip 플랫 칼라는 목둘레선과 어깨의 모양을 거의 그대로 따르기 때문에 앞, 뒤 바디스 패턴을 어깨선에서 마주 대어 칼라를 제도한다.

이 때 목 옆점을 고정시키고 어깨선만 겹쳐 주면 칼라 달림선인 목둘레선의 길이는 변하지 않으면서 어깨에 걸쳐지는 칼라 외곽선이 줄어(C〉B〉A) 스탠드 분이 생기게 된다.

즉 겹침분이 많을수록 칼라의 외곽선은 줄어들며 스탠드 분은 많아진다(A〉B〉C).

＊ 플랫 칼라의 어깨 겹침분과 스탠드 분, 칼라 달림선과의 관계

① 앞·뒤길의 목옆점을 맞춰 어깨선을 마주댄다.

② 목옆점을 고정시킨 채 어깨 끝을 원하는 만큼(1~10cm) 겹친다.

③ 앞·뒤길의 윗부분을 따라 그린다.

④ 목 뒤점에서 0.3~0.5cm 올라간 점과 목옆점, 목앞점에서 0.5~0.8cm 내려간 점을 연결하여 목둘레선을 수정한다.

⑤ 목뒤점에서 목옆점까지 같은 간격을 유지하면서 앞중심에서 원하는 칼라 모양을 그린다. 칼라가 여밈분까지 연장되지 않도록 주의한다. 칼라를 앞중심에서 정확히 끝내야 의복을 여몄을 때 중심에서 예쁘게 만나는 모양이 된다.

⑥ 목옆점에 노치 표시를 한다.

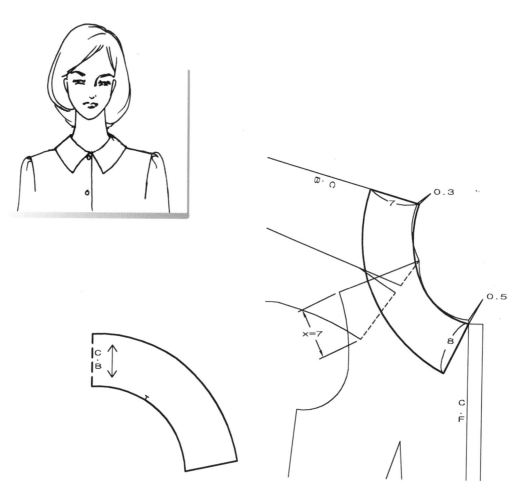

겹침분 :7

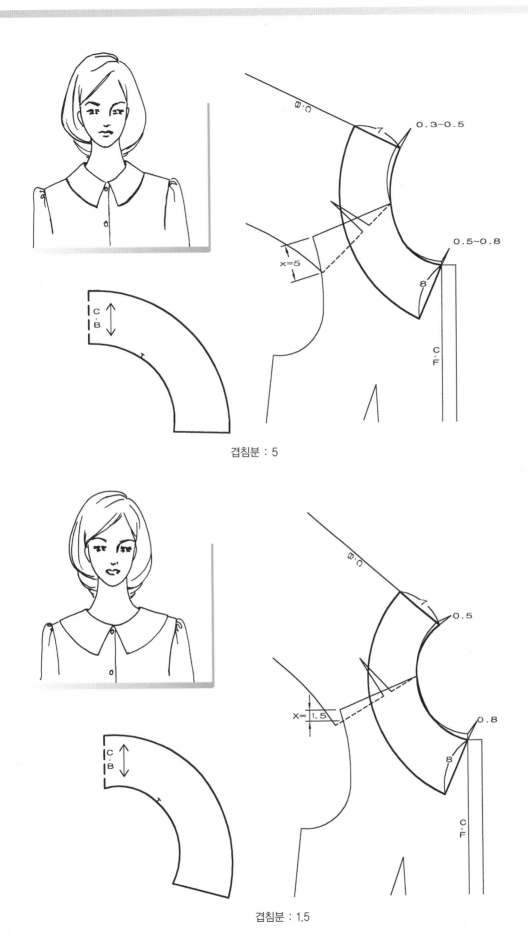

0.3~0.5

x=5

0.5~0.8

겹침분 : 5

0.5

X=1.5

0.8

겹침분 : 1.5

## 2) 롤 칼라(rolled collar)

롤 칼라란 꺾임선(roll)이 있는 셋인 칼라를 총칭하는 것이나 주로 서는 부분이 스트레이트 칼라보다는 적고 플랫 칼라보다는 많은 칼라에 자주 사용된다. 칼라의 스탠드 분을 늘리기 위해 바디스 패턴의 어깨를 많이 겹치면 목둘레선이 심하게 변형되어 예쁜 칼라가 되지 못한다. 플랫 칼라의 원리를 이용하여 원하는 롤(스탠드 분)을 가진 칼라를 제도할 수 있다.

스탠드분이 많은 칼라
(full roll)

스탠드분이 중간정도인 칼라
(half roll)

스탠드분이 적은 칼라
(partial roll)

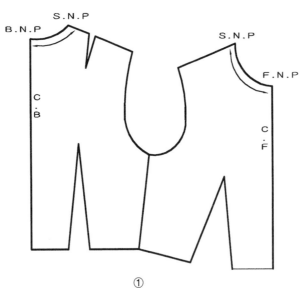

① 길원형의 앞, 뒤 목둘레선의 길이를 따로 재어 놓는다.
② 가로, 세로로 직각이 되는 선을 그린다.
③ 교차점(A)으로부터 가로선에 목뒤둘레선/2(B), 목앞둘레선/2(C)이 되는 위치를 각각 표시한다.

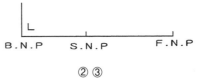

④ 교차점(A)으로부터 수직으로 올린 점(A′)을 표시한다. 많은 양의 롤을 원하면 AA′를 짧게, 적은 양의 롤을 원하면 AA′를 길게 잡는다.

⑤ A′에서 가로선과 평행하게 목뒤둘레선/2(B′)을 표시한다.

⑥ B′에서 BC 선상에 목앞둘레선/2되는 점(C′)을 표시하고 C′까지 곡선을 긋는다.

⑦ 목뒤점(A′)으로부터 원하는 칼라폭(A″)을 정한 후 A″에서 직각으로 시작하는 칼라를 그린다. 칼라 외곽선의 모양은 자유로이 그릴 수 있다.

⑧ 목옆점의 위치를 자연스러운 곡선으로 정리한다.

⑨ 목옆점의 위치에 너치 표시한다.

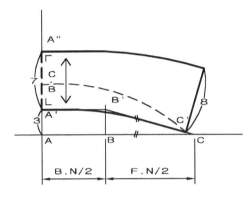

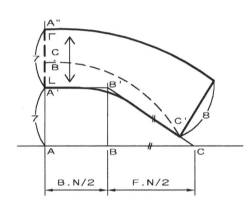

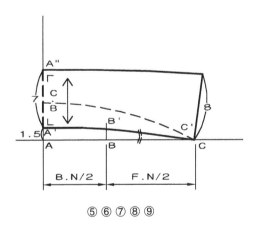

⑤ ⑥ ⑦ ⑧ ⑨

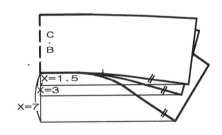

교차점으로부터의 거리 ×값이 클수록 칼라 달림선은 곡선이 되어 칼라 외곽선이 커지게 되고 스탠드분은 줄어든다. 반대로 ×값이 작아지면 칼라는 거의 직선에 가까운 모양이 되고 칼라 외곽선이 줄어들어 스탠드 분이 많은 칼라가 된다.

## 3) 스트레이트 칼라(Straight collar)와
## 컨버터블 칼라(Convertible collar)

컨버터블 칼라의 기본형으로 윗 단추를 잠근 때와 풀었을 때 갖는 모양이 다르다. 칼라 달림선은 직선이거나 오히려 바디스의 목둘레선과 반대 방향의 곡선을 갖는다. 스탠드 분이 충분해야 단추를 풀었을 때 맵시있는 칼라 모양이 된다.

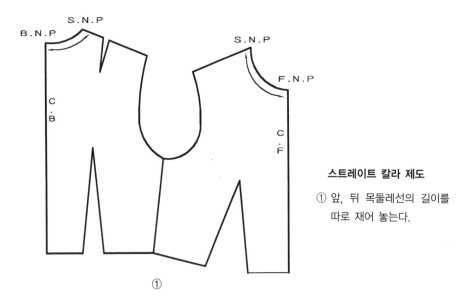

**스트레이트 칼라 제도**

① 앞, 뒤 목둘레선의 길이를
따로 재어 놓는다.

①

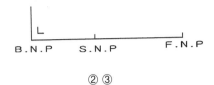

② ③

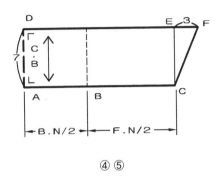

④ ⑤

② 가로, 세로로 직각이 되는 선을 그린다.

③ 교차점(A)으로부터 가로선에 목뒤둘레선/2(B), 목앞둘레선/2(C)를 각각 표시한다.

④ 목뒤점(A)으로부터 원하는 칼라폭(D)을 정한 후 D에서 칼라달림선과 평행한 칼라외곽선을 그린다. 칼라 외곽선의 모양은 자유로이 그릴 수 있다.

⑤ 목옆점의 위치에 너치 표시한다.

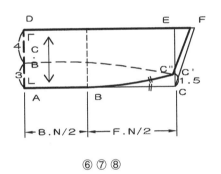

⑥ ⑦ ⑧

**컨버터블 칼라제도**

⑥ C로부터 수직으로 1.5cm올린 점(C′)을 표시한다.

⑦ B에서 C′를 향해 곡선을 그리고 목앞둘레선/2되는 점(C″)을 표시한다.

⑧ C″에서 스트레이트 칼라의 외곽선과 평행하게 외곽선을 그린다. 외곽선의 모양은 디자인에 따라 달리할 수 있다.

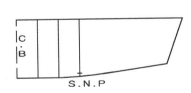

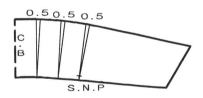

스탠드분을 적게 하려면 칼라의 목뒤부분에 절개선을 넣어 벌리면 칼라 달림선이 곡을 이루면서 칼라 외곽선이 커져 눕는 칼라가 된다.

171

## 4) 만다린 칼라(Mandarin collar)

만다린 칼라는 차이니즈 칼라(chinese collar)라고도 하며, 목둘레선에서 위로 세워지는(stand up) 칼라이다. 주로 목둘레에 붙는 형태로 스탠드분만 있어 칼라와 스탠드 분이 분리된 칼라의 스탠드로 사용되기도 한다.

컨버터블 칼라의 제도법과 유사하나 칼라 끝이 목 앞에서 만날 때 겹쳐지지 않도록 주의해야 한다. 그러므로 반드시 만다린 칼라의 앞, 뒤 중심부분이 직선에 가깝도록, 칼라의 스탠드와 직각을 이루도록 제도하였는 가 확인하고 가봉을 통해 겹치는 분량을 제거해 준다.

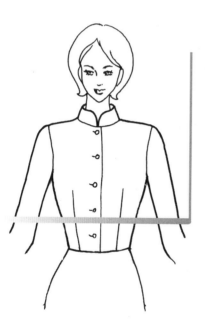

① 앞, 뒤 목둘레선의 길이를 따로 재어 놓는다.
② 가로, 세로로 직각이 되는 선을 그린다.
③ 교차점(A)으로부터 가로선에 목뒤둘레선/2(B), 목 앞둘레선/2(C)를 각각 표시한다.
④ C로부터 수직으로 1.5cm올린 점(C′)을 표시한다.
⑤ B에서 C′를 향해 곡선을 그리고 목앞둘레선/2되는 점(C″)을 표시한다.
⑥ 목뒤점(A)으로부터 원하는 칼라폭(A′)을 정한 후 A′에서 칼라달림선과 평행한 칼라외곽선을 그린다.
⑦ 앞중심에서 수직으로 선을 올린다.
⑧ 앞중심에 원하는 칼라 외곽선을 그린다.
⑨ 목옆점의 위치에 너치 표시한다.

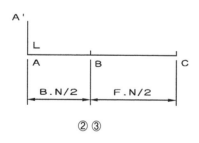

②③

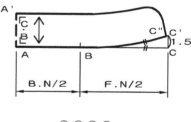

⑥⑦⑧⑨

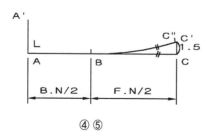

④⑤

## 5) 셔츠 칼라(Shirts collar)

남성의 드레스 셔츠는 타이를 맬 수 있는 스탠드 분이 필요한 데 칼라의 구조를 살펴보면 칼라와 스탠드 분이 분리되어 있다. 이러한 칼라는 스포티하면서도 단정한 느낌을 주어 셔츠의 칼라로 많이 이용된다. 여밈분이 있는 만다린 칼라위에 롤칼라가 달린 형태이며 칼라와 스탠드분을 한 장으로도 제도할 수 있다.

### (1) 두 장으로 된 셔츠 칼라

**스탠드 부분** : 만다린 칼라와 동일한 방법으로 제도하며 여밈분이 있다.

① 칼라 달림선의 앞 중심에서 여밈분만큼 달림선을 따라 연장한 후 수직으로 세워 스탠드 끝을 둥글린다.

**칼라 부분** : 롤 칼라와 동일한 방법으로 제도한다.

① 스탠드분의 외곽선 앞중심D에서 뒤중심선에 수선(DE)을 긋는다.
② 스탠드의 뒤중심 외곽선A′에서 수선에 떨어진 길이(A′E) 만큼 올려 롤칼라를 제도한다.

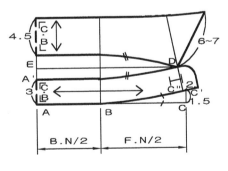

173

## (2) 한 장으로 된 셔츠 칼라

① 두 장 셔츠 칼라와 같은 방법으로 스탠드
　를 제도한다.
② 정한 칼라 폭만큼 뒤중심과 앞중심선을 따
　라 그린다. 일반적으로 칼라 폭은 스탠드
　폭에 0.5~1.5cm를 더한 길이이다.
③ 스탠드의 외곽선과 평행하게 칼라 외곽선
　을 그린다.
④ 칼라의 목 옆점, 뒤, 앞에 각각 절개선을
　긋는다.
⑤ 절개선대로 잘라 0.3~0.5cm 씩 벌려 준
　후 외곽선을 정리한다.
⑥ 목옆점, 목앞점에 너치 표시한다.

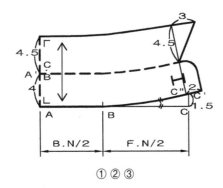

① ② ③

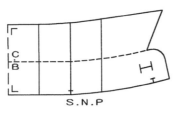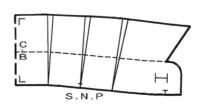

④　　　　　　　　　⑤ ⑥

## 6) 테일러드 칼라(Tailored collar)

테일러드 칼라는 남자의 정장에 주로 사용되는 칼라였으나 이제는 여성의 정장 뿐 아니라 캐쥬얼한 의복에도 자주 사용되는 칼라이다. 재킷, 코트 등에 사용되며 점잖고 단정한 느낌을 준다.

칼라와 길이 연결되어 길의 일부분이 젖혀지면서 칼라를 이루는 디자인으로 칼라 뿐 아니라 여밈의 위치와 종류, 너치의 모양과 위치, 라펠의 크기 등에 따라 나타나는 느낌이 다양하다.

테일러드 칼라는 재킷이나 코트 등, 주로 외의류의 칼라로 사용되기 때문에 그 안에 입을 블라우스나 셔츠 등을 감안하여 바디스 패턴의 목둘레와 어깨선을 늘린 후 제도하기도 한다.

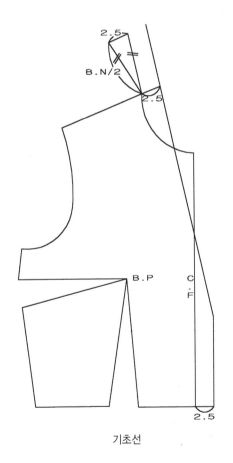

기초선

**기초선**

① 칼라 시작점아래로 여밈분(2~2.5cm)을 그린다.

② 목옆점에서 2.5cm 떨어진 지점과 여밈분에서 칼라 시작점을 사선(꺽임선)으로 연결한다.

③ 목옆점에서 사선과 평행한 선을 그어 목뒤둘레/2 위치를 표시한다.

④ 밑변이 2.5, 빗변이 목뒤둘레/2 가 되는 이등변 삼각형을 목옆점에서 그린다.

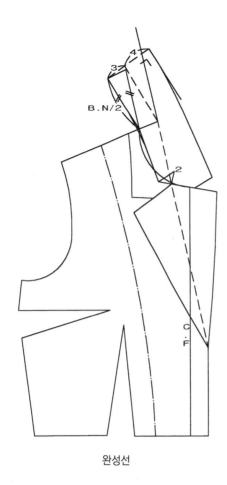

완성선

### 완성선

① 사선(꺽임선) 아래로 원하는 칼라와 라펠을 그린다.

② 트레이싱 휠을 이용해 사선 위로 칼라와 라펠을 옮겨 그린다.

③ 라펠선을 목둘레선 안쪽으로 2cm 정도 연장한 후 목옆점과 연결하여 바디스를 구분한다.

④ 목뒤점에서 직각으로 칼라의 스탠드 분과 칼라분을 그린다.

⑤ 칼라뒤중심에서 직각으로 시작하여 칼라 외곽선과 자연스럽게 연결한다.

⑥ 칼라의 꺽임선을 자연스러운 곡선으로 정리한다.

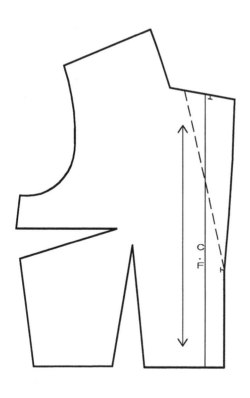

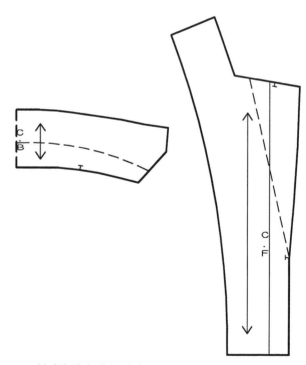

분리된 길과 칼라, 안단

## 7) 솔 칼라(Shawl collar)

뒤길에서 앞길에 이르는 칼라가 너치없이 하나로 이어진 칼라로 뒤중심에 봉제
선이 있다. 마치 솔을 단 것 같은 모양에서 온 이름
이다. 바디스 패턴의 앞판에 제도한다.

① 칼라 시작점 아래로 여밈분(2~2.5cm)을 그린다.
② 목옆점에서 2.5cm 떨어진 지점과 여밈분에서 칼라
   시작점을 사선(꺾임선)으로 연결한다.
③ 사선 아래로 원하는 라펠을 그린 후 사선위에 옮겨
   그린다.
④ 목옆점에서 위로 사선과 평행한 선을 그어 목뒤둘레
   /2 위치를 표시한다.
⑤ 밑변이 2.5, 빗변이 목뒤둘레/2가 되는 이등변 삼각
   형을 목옆점에서 그린다.
⑥ 목뒤점에서 직각으로 칼라의 스탠드 분과 칼라폭을
   그린다.
⑦ 칼라 뒤중심에서 직각으로 시작하여 라펠에서 끝나는
   자연스러운 선을 그린다.

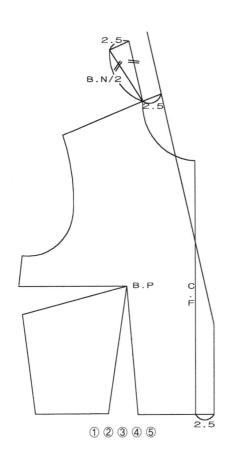

①②③④⑤

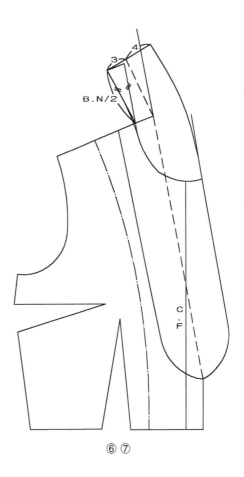

⑥⑦

## 3. 목둘레선(Neck line)

칼라를 달지 않고 목둘레선을 변형시키는 것만으로도 다양한 분위기를 연출할 수 있다. 길 원형의 목둘레선을 기본으로 하여 둥근형, 사각형, 삼각형, 보트형, 하이 네크라인, 카울형 등 목둘레를 파거나 올린 여러 가지 형태가 가능하다. 목둘레선은 얼굴에 가장 가까운 부분이므로, 그 형태는 얼굴형, 목의 굵기, 의복과의 조화 등을 고려하여 디자인해야 한다.

옷을 제작할 때 어깨선이나 목에서 가슴에 이르는 선을 직선으로 처리하지만 실제 인체의 형태는 곡선으로 되어 있다. 그러므로 목둘레를 많이 파게 되면 인체의 곡선 부분이 드러나 목둘레가 들뜨거나 어깨선이 흘러내리기 쉬우므로 목둘레를 파 내린 정도에 따라 적절한 분량만큼 접어 줄여야 한다.

앞 중심선 쪽에서 목둘레를 파는 양이 2.5~5cm일 때에는 0.15cm, 5~7cm 미만일 때에는 0.3cm, 7.5~10cm 미만일 때에는 0.45cm, 10cm 이상일 때에는 0.6cm를 접어서 좁힌다. 또, 어깨선 쪽으로 파는 양에 따라서 어깨선의 높이도 낮추어 준다. 즉, 어깨선 쪽에서 어깨선 중심 근처까지 팔 경우는 0.15cm, 어깨선 중심보다 더 팔 때에는 0.3cm 정도로 낮춰 준다.

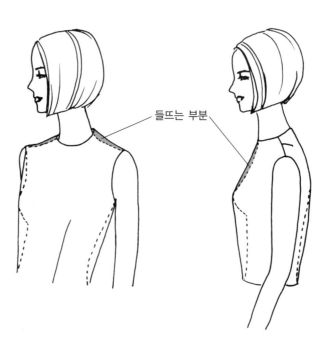

들뜨는 부분

# 1) 둥근 목둘레선(Round neckline)

기본 원형의 목둘레선을 깊고 넓게 판 디자인으로 시원한 느낌을 준다. 뒤중심
에서는 옆선에서 판 분량을 반 정도 내려 준다.

① 앞, 뒤 바디스 패턴의 어깨를 목옆점을 중심으로
   맞춘다.
② 어깨와 목앞점에서 4cm 파내려간 점을 둥글게
   이어서 원형의 목둘레선과 비슷한 곡선으로 그
   린다.
③ 목뒤점에서 2cm 내린 점에서 파진 어깨선까지
   목뒤둘레선과 비슷한 곡선으로 그린다.
④ 앞, 뒤 패턴을 분리한 후 어깨선에서 각각
   0.15cm씩 삭제해 준다.

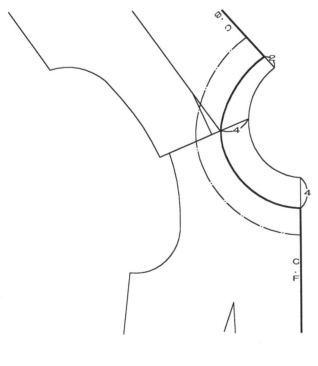

① ② ③

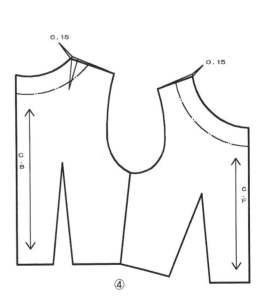

④

## 2) 네모 목둘레선(Square neckline)

네모 목둘레선을 깊게 파면 목이 길고 가늘어 보이며, 옆으로 넓게 파면 목을 강조하므로 목이 굵은 체형에는 주의하는 것이 좋다.

① 앞, 뒤 바디스 패턴의 어깨를 목옆점을 중심으로 맞춘다.
② 어깨에서 4cm, 목앞점에서 3cm 파 내려간 점을 직각으로 잇는다.
③ 목옆점에서 내린 선을 1cm 앞 중심 쪽으로 이동하여 수정한다.
④ 목뒤점에서 2cm 내려간 점에서 파진 어깨선까지 목뒤둘레선과 비슷한 곡선으로 그린다.
⑤ 앞, 뒤 패턴을 분리한 후 어깨선에서 0.15cm 삭제해 준다.

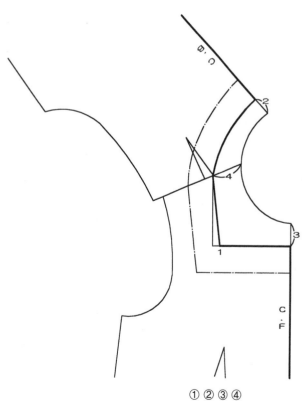

①②③④

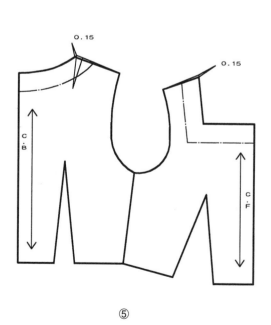

⑤

## 3) 브이 네크라인(V-neckline)

① 앞, 뒤 바디스 패턴의 어깨를 목옆점을 중심으로 맞춘다.

② 어깨에서 2cm, 목앞점에서 10cm 파내려간 점을 직선으로 잇는다.

③ 목뒤점에서 1cm 내린 점에서 파진 어깨선까지 목뒤둘레선과 비슷한 곡선으로 그린다.

④ 네크라인에서 B.P에 절개선을 그리고, 들뜨는 분량 0.6~0.8cm 삭제하며 다트량을 벌린다. 어깨에서 많이 파줄 경우는 어깨선에서도 들뜨는 분량을 삭제해 주어야 한다.

⑤ 삭제분으로 인해 어긋난 네크라인을 자연스러운 선으로 그린다.

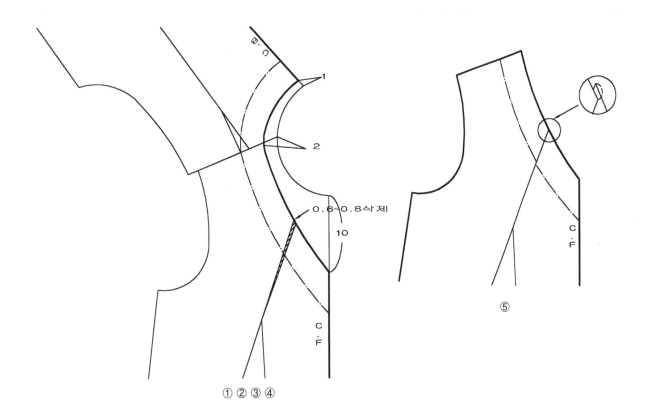

①②③④

⑤

## 4) 보트 네크라인(Boat or bateau neckline)

마치 보트 모양같이 얕고 넓게 목둘레선을 판 디자인으로 어깨를 강조하고 목을 짧게 보이게 하므로 목이 굵고 둥근 얼굴에는 어울리지 않는다. 뒤길의 어깨다트를 목다트로 이동한 패턴을 이용한다.

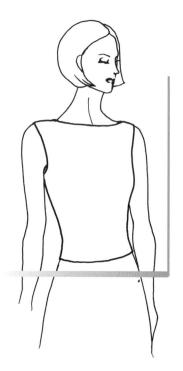

① 앞, 뒤 바디스 패턴의 어깨를 목옆점을 중심으로 맞춘다.
② 어깨의 1/3~1/4 지점을 정해 목뒤점에서 0.5cm 내린점, 목앞점에서 0.5cm 올린 점을 직선에 가까운 곡선으로 연결한다.
③ 앞, 뒤 패턴을 분리한 후 어깨선에서 각각 0.3cm 삭제해 준다.

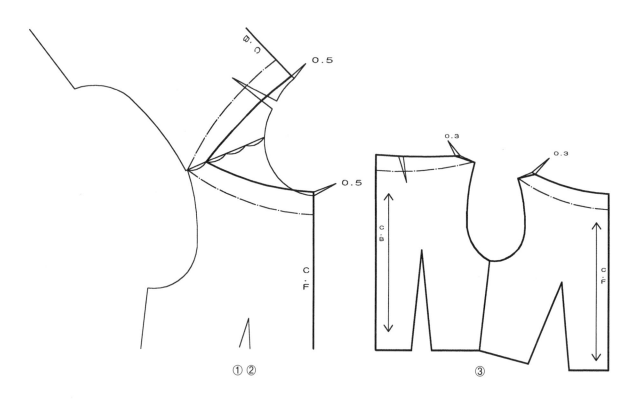

① ②   ③

## 5) 하이 네크라인(High neckline)

목둘레선위로 네크라인이 연장되는 디자인으로 정장 의류에 자주 이용되는 목둘레선이다. 깔끔하고 우아한 느낌을 준다. 디자인에 따라 다트를 목둘레선으로 이동하기도 한다.

목둘레선을 연장할 때 어깨선과 앞중심선을 그대로 따르면 실제 목이 갖는 경사의 구조를 따르지 못해 상당히 불편한 옷이된다. 그러므로 하이네크 디자인에서는 반드시 목의 경사에 다른 여유분량을 추가시켜 주는 과정이 필요하다.

x=앞중심선으로부터 늘려주어야
하는 각도

**앞판 :**

① 바디스 앞판을 그린다.
② 목옆점에서 1.2cm(A), 목앞점에서 5cm 내린점(B)을 표시한다.
③ AB를 곡선으로 그려 절개한다.
④ A를 고정시킨 채 앞중심에서 절개선을 5cm 벌린다.
⑤ A에서 새로 생긴 목선을 따라 3~4cm 목선을 연장한다.
⑥ 연장된 목옆점(D)에서 목둘레선을 자연스러운 곡선으로 그린다.
⑦ B와 C를 자연스럽게 연결한다.
⑧ B.P로부터 목둘레선에 절개선을 넣는다.
⑨ 다트를 접어 절개선을 3~4cm 정도 벌린다.
⑩ B.P로부터 5~6cm 떨어지고 목둘레선에서 다트량을 0.5cm 씩 조정하여 다트선을 완성한다.

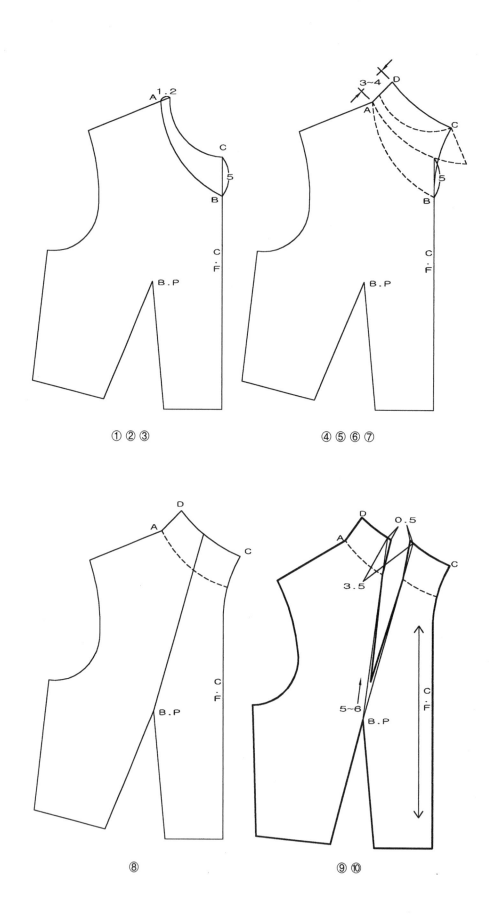

① ② ③

④ ⑤ ⑥ ⑦

⑧

⑨ ⑩

**뒤판**

① 바디스 뒤판을 그린다.

② 목옆점(A)에서 뒤중심에 평행한 선을 올린다.

③ 목뒤점에서2.5cm(C), 목옆점에서 3~4cm 올린점(D)을 목뒤 둘레선과 같은 곡선으로 연결한다.

④ 목옆점에서 어깨쪽으로 1.2cm 떨어진 점과 사선으로 연결한 뒤 자연스러운 곡선으로 정리한다.

⑤ 어깨 다트를 접어 목다트로 이동한다.

⑥ C에서 목둘레선의 길이보다 0.3cm 적은 다트간격을 잡아 생기는 다트 분량을 양쪽으로 배분한다.

⑦ 목둘레선을 정리하고 앞, 뒤어깨에 너치를 준다.

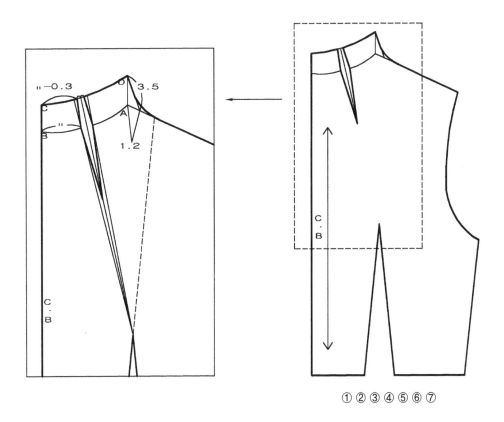

① ② ③ ④ ⑤ ⑥ ⑦

# 제5장
## 팬츠 디자인
*Pants*

*Design*

바지는 스커트와는 달리 양쪽 다리를 분리하여 커버하므로 다리의 동작이 자유로와 활동적이고 기능적인 의복이다. 여성의 바지가 운동복이나 작업복 등 기능적인 의복에만 사용되던 때도 있었으나 이제는 디자인에 따라 여성 정장으로서 역할까지 당당히 하고 있다. 바지가 지닌 기능성을 충분히 발휘하기 위해서는 하반신의 동작을 이해하고 인체의 형상에 맞는 바지 패턴을 설계하여야 한다.

## 1. 바지의 이해

### 1) 바지의 구조

바지는 양쪽 다리를 따로 제도하여 가랑이에서 맞붙여 제작한다. 스커트에 비해 인체의 형태에 밀착되는 부분이 많아 스커트보다 많은 부위의 인체 계측치가 필요하다. 그림을 통해 바지가 설계되는 원리와 바지 제도에 필요한 용어들을 살펴보자.

① 밑위(crotch) : 양다리가 합쳐지는 몸통의 아래 부위로 가랑이, 샅이라고도 부른다.

② 밑위선(crotch level) : 밑위가 형성되는 위치의 선으로 양쪽 바지통이 합쳐지는 위치가 된다.

③ 밑위깊이(crotch depth) : 허리선에서 밑위선까지의 길이로 주로 인체의 앉은 자세에서 치수를 얻는다.

④ 밑위둘레(crotch arc) : 앞중심에서 밑위 아래를 지나 뒤중심까지의 길이로 두 개의 바지 통을 연결하는 솔기선이 된다.

⑤ 밑위 연장선(crotch extension) : 밑위선에서 앞, 뒤 중심으로부터 바지의 모

양으로 나뉘어지기 위해 다리 안쪽을 감싸는 부분으로 밑위 아래 부분에 속하며 잘 보이지 않는 부분이다. 뒤밑위 연장선이 앞밑위 연장선보다 길다.

⑥ 밑위점(crotch point) : 밑위 연장선의 끝점으로 앞, 뒤밑위 둘레선이 만나는 지점이다.

⑦ 바깥 솔기(outseam) : 바지의 앞, 뒤 부분을 연결하는 솔기선 중 옆선쪽 솔기선이다.

⑧ 안솔기(inseam) : 바지의 앞, 뒤 부분을 다리 안쪽에서 연결하는 솔기선이다.

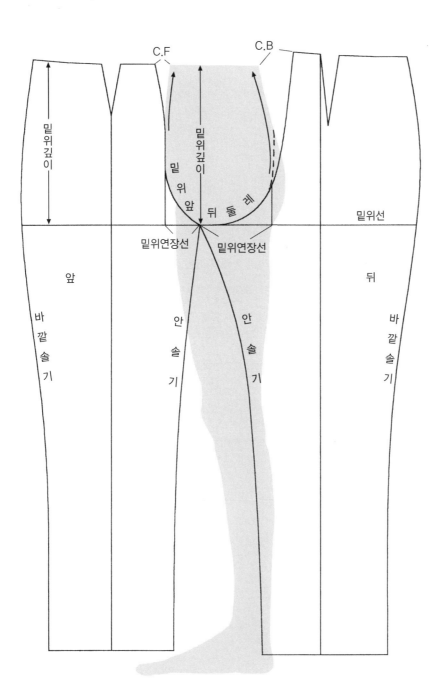

## 2) 바지의 종류

바지는 엉덩이 아래 부분, 즉 바지통의 여유분량에 따라 몇 가지로 구분된다. 바지의 여유는 밑위 연장선의 길이와 밑위 깊이에 의해 결정된다.

① 진(jean) : 엉덩이와 무릎 위의 다리 부분이 거의 꼭 끼는 디자인으로 꼭 맞는 청바지 등의 용도로 사용되는 패턴이다. 바지의 밑위 앞, 뒤 둘레가 인체의 계측치와 큰 차이가 없다.

② 슬랙스(slacks) : 진보다는 약간 여유가 있으나 여전히 엉덩이와 무릎위의 다리선을 살린 디자인으로 팬츠 원형으로 주로 사용된다.

③ 트라우저(trouser) : 배와 엉덩이의 돌출 부분에서 밑단까지 일직선으로 내려오는 바지

④ 퀼롯(culotte) : 배와 엉덩이로부터 바깥으로 통을 넓힌 바지로 밑위 연장선 및 밑위 깊이가 가장 큰 바지이다.

**바지의 형태에 따른 밑위 여유분**

| 바지 종류 | 밑위 연장선 | | 밑위깊이 |
|---|---|---|---|
| | 앞 | 뒤 | |
| 진 | H/16-1 | H/8-2 | 밑위 길이 |
| 슬랙스 | H/16 | H/8-1 | 밑위길이+0.5 |
| 트라우저 | H/16+1 | H/8 | 밑위길이+1 |
| 퀼로트 | H/8-2 | H/8+2 | 밑위길이+1.5~3 |

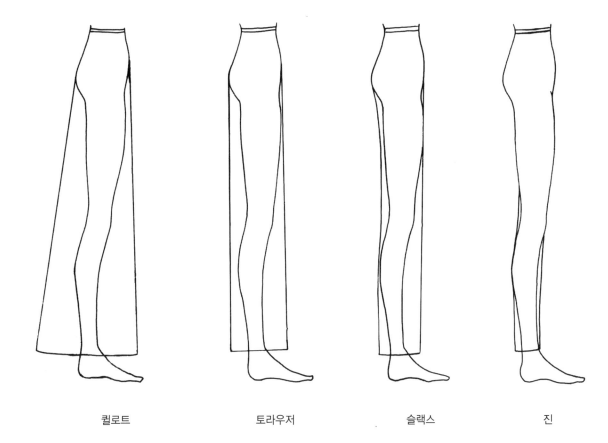

퀼로트         토라우저         슬랙스         진

## 3) 바지제도에 사용되는 약자

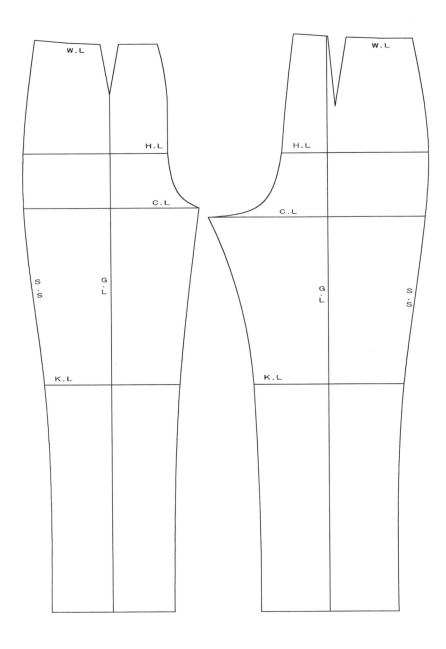

W.L. : Waist Line, 허리 둘레선(앞, 뒤)　　H.L. : Hip Line, 엉덩이 둘레선(앞, 뒤)
C.L. : Crotch Level, 밑위 수준(앞, 뒤)　　K.L. : Knee Line, 무릎선(앞, 뒤)
H.L. : Hem Line, 부리선(앞, 뒤)　　C.F.L. : Center Front Line, 밑위둘레선
C.B.L. : Center Back Line, 뒤 중심선　　S.S. : side seam, 옆선(앞, 뒤)
G.L. : Grainline or fold Line, 주름선 또는 식서 방향선(앞,)

## 2. 팬츠 제도

### 1) 바지 원형

#### (1) 기초선 그리기

| 필요치수 | 기준치수 | 본인치수 |
|---|---|---|
| 바지길이 | 90cm | cm |
| 밑위길이 | 26cm | cm |
| 허리둘레 | 66cm | cm |
| 엉덩이둘레 | 90cm | cm |

제도 치수

엉덩이둘레선(IJ) : H/4+1

앞허리선(ML) : W/4+0.5+0.5+다트분

뒤허리선(M′L′) : W/4−0.5+0.5+다트분

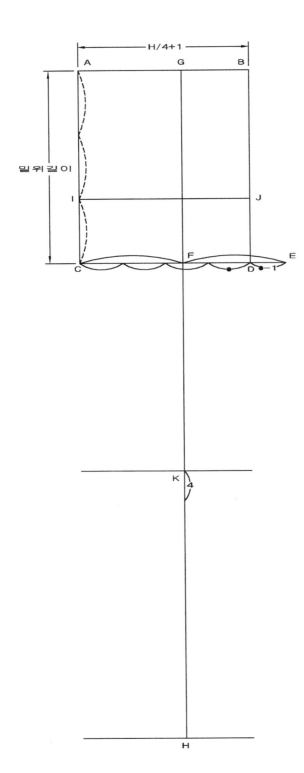

① **기초사각(ABCD) :**
   가로 : H/4+1cm, 세로 :밑위길이되는 사각형
   을 그린다.

② **밑위선(CE) :**
   CD를 4등분하여 CD/4-1cm만큼 D쪽으로 연
   장한 점 E를 잡는다.

③ **주름선(EF) :**
   CE를 이등분한 점 F를 잡아 CE에 수선을 긋
   는다.
   그 길이는 선 AB로부터 바지길이만큼 되도록
   내린다.

④ **엉덩이선(IJ) :** 2AC/3 되는 점 I를 잡아 AB와
   평행한 선을 긋는다.

⑤ **무릎선 :** FH를 이등분한 점에서 4cm 올라간
   점 K를 잡아 GH에 수선을 긋는다.

⑥ **바지부리선 :** 점 H에서 GH에 수선을 긋는다.

## (2) 윤곽선 그리기

**앞**

① 밑위둘레선(LJE) :

   ⓐ J와 E를 직선으로 연결한 후 D로부터 JE
      에 수선을 내려 3등분한다.

   ⓑ J에서 수선의 2/3점을 지나 E까지 자연스
      러운 곡선을 그린다.

   ⓒ B에서 1~1.5cm 들어간점 L과 BJ를 이등
      분한 점을 자연스러운 곡선으로 연결한다.

② 허리선(ML) :

   L에서 W/4+0.5cm(앞뒤차)+0.5(여유분)+
   3cm(다트분)만큼의 위치에서 0.7cm 올린 점
   M과 L을 자연스럽게 연결한다.

   GF를 다트 중심선으로 하여 다트 폭 3cm,
   길이 8~9cm의 다트를 그린다.

③ 바깥솔기선(MINO) :

   M과 I를 곡선으로 연결하고 K에서 11cm되는
   점(N), H에서 10cm 되는 점(O)을 자연스러
   운 곡선으로 연결한다.

④ 안솔기선(EPQ) :

   E로부터 K에서 11cm되는 점(P)을 지나 H에
   서 10cm되는 점(Q)을 자연스러운 곡선으로
   연결한다.

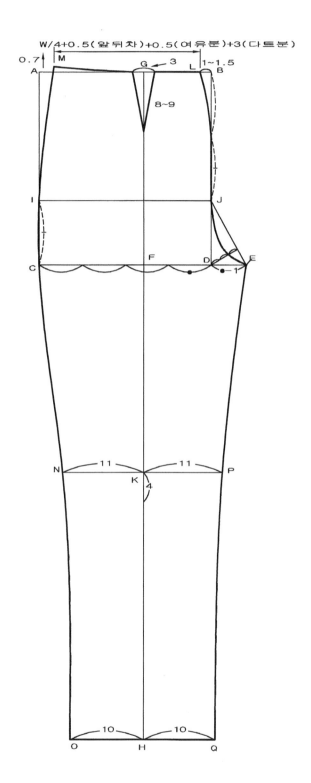

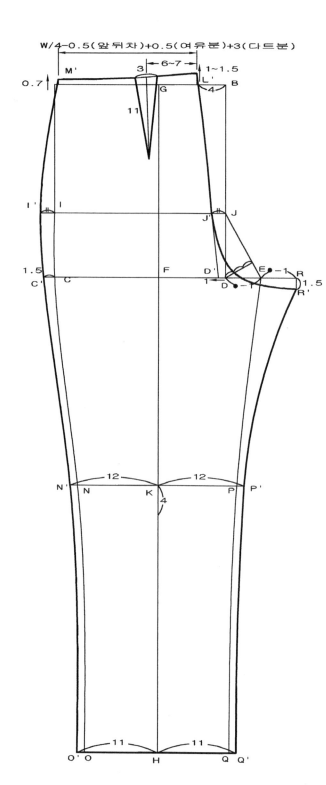

W/4-0.5(앞뒤차)+0.5(여유분)+3(다트분)

**뒤**

바지의 뒤판은 밑위선 아래 앞판의 옆선(MINO) 과 배래선(EPQ)을 트레이스한 상태에서 제도하는 것이 편리하다.

① **밑위선(CR) :**
DE만큼 점E에서 연장한다.

② **밑위둘레선(L′J′R′) :**
ⓐ D에서 1cm 들어간 점과 B에서 4cm들어 간 점을 연결하고 허리선위로 1~1.5cm 연장 한 점 L′를 정한다.
ⓑ R에서 1~1.5cm 내려간 점R′를 정하여 L′와 D에서 JE에 내린 수선의 1/3지점, R′ 를 지나는 자연스러운 선을 그린다.

③ **허리선(L′M′) :** L′에서 W/4-0.5cm(앞뒤 차)+0.5(여유분)+3cm(다트분)만큼의 위치 에서 0.7cm 올린점 M′와 L′을 자연스럽게 연결한다. 이때 L′에서는 직각이 되도록 한 다.
L′에서 6~7cm 되는 곳에서 허리선에 수직 으로 중심선을 내려 다트폭 3cm, 길이 11cm 의 다트를 그린다.

④ **바깥솔기선(M′IC′N′O′) :**
ⓐ 뒤 밑위둘레선이 IJ와 만나는 점을 J′라 하 고 점 I에서 JJ′만큼 연장한 점I′를 잡는다.
ⓑ 점 M′에서 I′를 지나 C에서 1~1.5cm 정 도 나간 지점, 무릎과 바짓부리선에서 각각 1cm 나간 지점 을 연결한다.

⑤ **안솔기선(R′P′Q′) :**
무릎선과 바지부리선에서 각각 1cm 넓힌 점 P′, Q′와 R′를 연결하여 그린다. 제도 후 패 턴의 앞, 뒤 밑위길이를 줄자를 재어 확인한 다. 이 길이는 실제 측정된 밑위 앞, 뒤 길이 보다 2~3cm 정도 긴 것이 적당하며 이보다 길거나 짧을 경우 밑위선을 위아래로 조절해 준다.

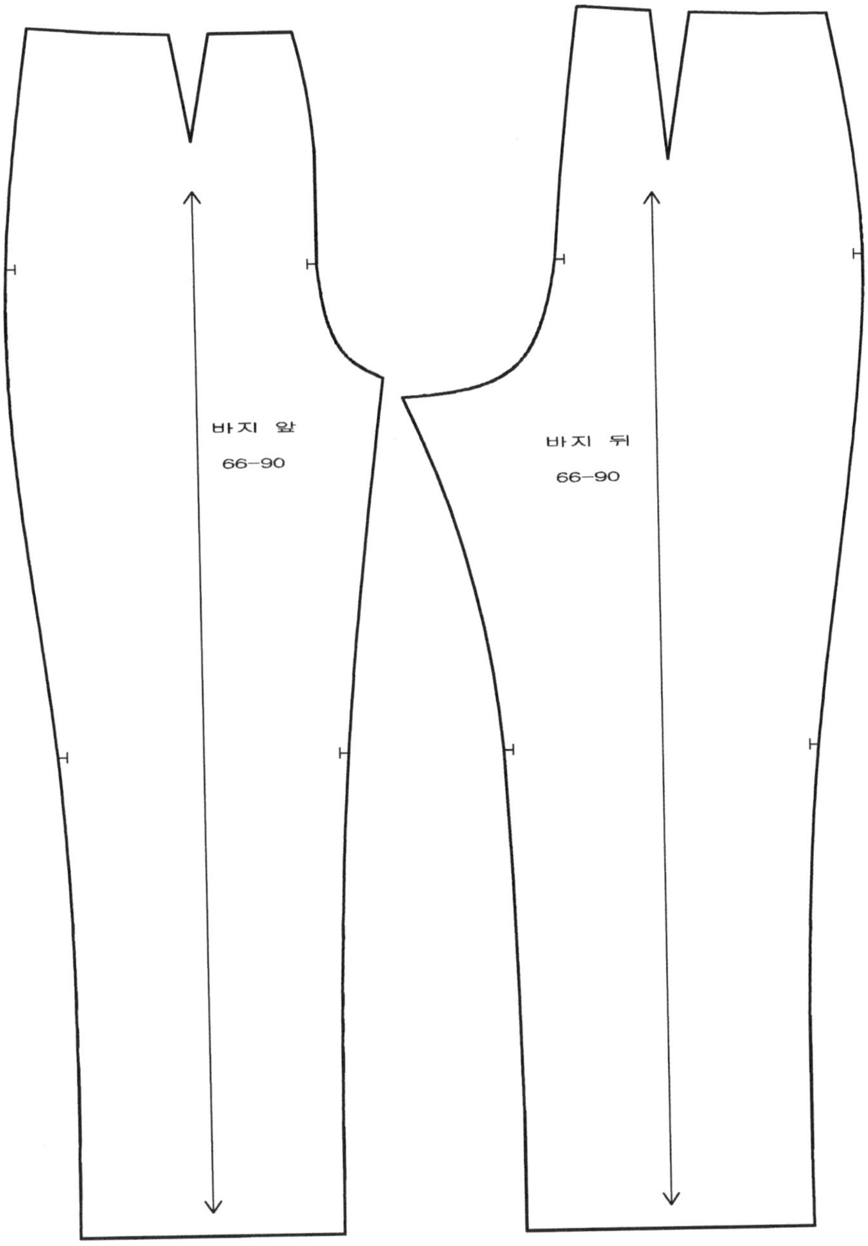
바지 앞
66-90
바지 뒤
66-90

완성된 바지 패턴

## 2) 주름이 있는 팬츠(Pleated Trousers)

　배기스(baggies)라고도 하며, 엉덩이에 여유분이 많고 바지부리는 좁거나 직선형인 바지이다. 허리에 여유분을 넉넉히 주어 주름으로 처리하였다. 트라우저 원형을 제도하여 제작하기도 하나 기본 팬츠 원형을 그대로 사용하여 보자. 앞 다트분은 주름으로 처리되고, 뒤 다트는 다트로 처리한다.

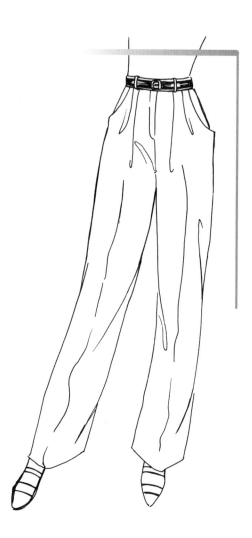

① 밑위 깊이를 0.5cm 연장한다.

② 밑위 연장선을 앞은 0.5cm, 뒤는 1cm 연장한다.

③ 엉덩이둘레선의 폭을 앞, 뒤 각각 0.5cm 연장한다.

④ 앞허리 중심을 0.5cm 연장한다.

⑤ 앞허리선을 $W/4+0.5cm$(앞뒤차)$+0.5$(여유분)$+5cm$(다트분)만큼의 위치에서 엉덩이 둘레선과 자연스럽게 연결한다.

⑥ 팬츠 원형 최대 폭에서 원하는 바지 부리 폭선까지 직선으로 연결한다.

⑦ 앞중심선에 첫 주름선이 위치하도록 하여 3cm, 2cm의 주름을 두 개 잡는다.

⑧ 뒤허리 중심을 0.5cm 연장한다.

⑨ 뒤허리선을 $W/4-0.5cm$(앞뒤차)$+0.5$(여유분)$+5cm$(다트분)만큼의 위치에서 엉덩이둘레선과 자연스럽게 연결한다.

⑩ 팬츠 원형 최대 폭에서 원하는 바지 부리 폭선까지 직선으로 연결한다

⑪ 뒤 다트 분량을 둘로 나눠 잡는다.

W/4+0.5(앞뒤차)+0.5(여유분)+5(다트분)

W/4-0.5(앞뒤차)+0.5(여유분)+5(다트분)

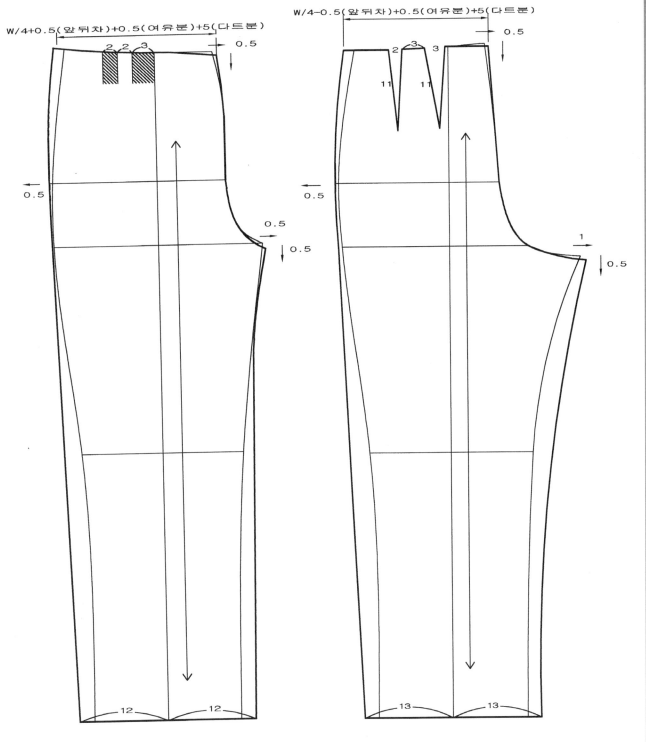

### 3) 플레어드 팬츠(Flared pants)

플레어드 팬츠는 엉덩이에서 무릎까지는 인체에 잘 맞고 바지 부리로 가면서 넓어지는 스타일로 그 모양이 종과 같아 벨 버텀 팬츠(bell bottom pants)라고도 한다. 많은 양의 플레어를 주기 위해서는 넓어지는 위치가 무릎위로 올라가게 되며 절개선을 주어 벌려 주어야 한다.

극단적으로 위는 인체에 맞고 아래가 많이 퍼진 스타일을 원한다면 바지 중심선을 나눠 곡선 처리한 팬츠를 만들 수 있다. 팬츠 기본 원형을 이용하여 제도해 보자. 이 바지는 구두를 덮기 때문에 기본원형의 바지보다 길게 제도해 준다.

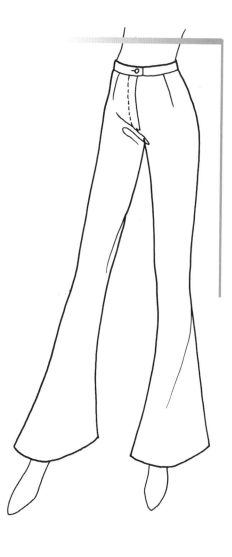

① 원하는 바지 길이까지 2~5cm 연장한다.
② 무릎선을 기준으로 위나 아래에 벌려줄 위치를 앞, 뒤 동일하게 표시한다.
③ 연장된 바지 부리선에 원하는 폭을 좌, 우 같게 표시한다. 앞, 뒤 늘어나는 양은 동일하게 한다. 즉 앞판의 바지통은 뒤판보다 2cm 적다.
④ 사선이 된 안솔기선과 바깥 솔기선에서 바지 부리선이 직각으로 만나도록 선을 수정한다.

바지의 길이가 긴 경우 앞의 바지 부리가 발등에 걸려 매끄러운 라인을 유지하기 힘들다. 그러므로 앞의 바지 부리 중심을 자연스럽게 올려 주기도 한다.

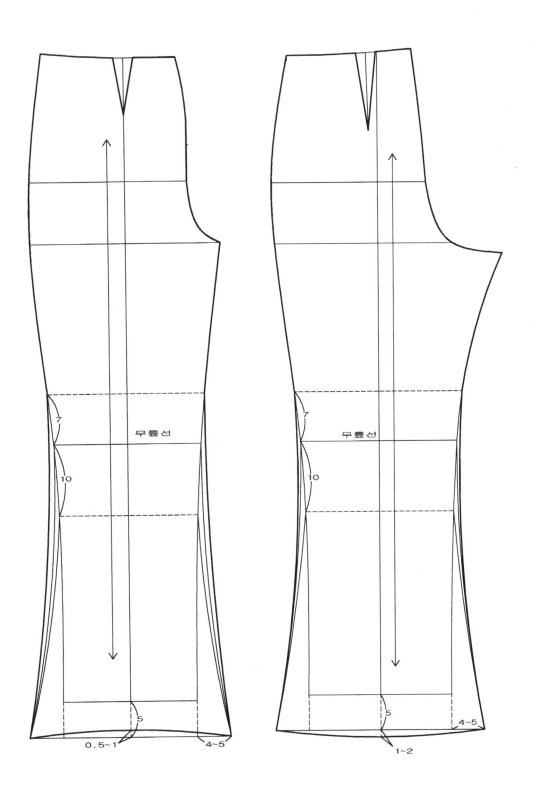

무릎선

무릎선

## 4) 퀼로트(Culotte)

퀼로트는 팬츠나 스커트 원형을 기본으로 하여 제도할 수 있다. 팬츠 스커트 (pants skirt) 또는 디바이디드 스커트(divided skirt)라고 부르는 퀼로트는 보통 스커트 원형을 이용하여 제도하지만, 밑위길이 치수를 알아야 하므로 슬랙스에 포함시키는 것이 이해하기 쉽다. A-라인 스커트를 1차 패턴으로 이용하여 만든다. 앞, 뒤 A-라인 스커트를 본떠 그린다.

### 앞

① 앞 허리중심(A)에서 중심선을 따라 밑위 깊이+1.5~3cm 되는 위치(B)를 표시한다.
② AB를 이등분한 점 C를 표시한다.
③ B로부터 외곽으로 H/8-2cm만큼 수직선(BD)을 그린다.
④ D에서 밑단까지 앞중심선을 따라 연장한다.
⑤ B에서 45°로 3.5~4cm의 직선(b)을 올린다.
⑥ CbD를 지나는 자연스러운 곡선을 그린다.
⑦ 밑단을 연결하여 정리한다.

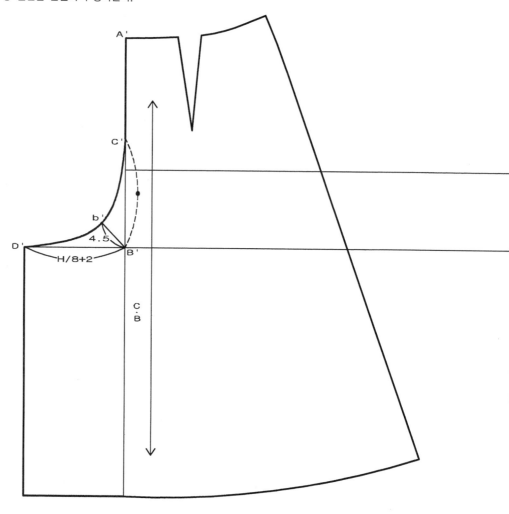

## 뒤

① 뒤 허리중심(A′)에서 중심선을 따라 앞 밑위깊이−
  1cm 되는 위치 B′를 표시한다. 이는 스커트의 뒤
  허리중심이 앞 허리 중심보다 1cm 낮기 때문이
  다.

② A′B′를 이등분한 점 C′를 표시한다.

③ B′로부터 외곽으로 엉덩이 둘레선의 H/8+2cm
  만큼 수직선(B′D′)을 그린다.

④ D′에서 밑단까지 앞중심선을 따라 연장한다.

⑤ B′에서 45°로 4~4.5cm의 직선(b′)을 올린다.

⑥ C′b′D′를 지나는 자연스러운 곡선을 그린다.

⑦ 밑단을 연결하여 정리한다.

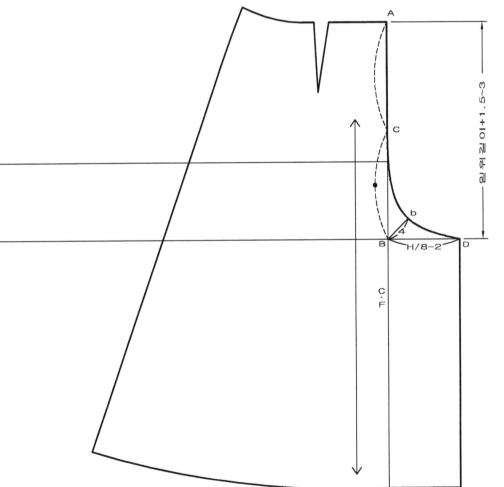

# 제6장
# 톨소 디자인
*Torso*

*Design*

우리 몸은 허리선을 중심으로 상반신과 하반신이 서로 다른 모양을 하고 있어 상반신 패턴과 하반신 패턴을 따로 분리하여 제도한다. 그러나 우리가 입고 있는 옷을 살펴보면 허리선에 솔기선이 있는 의복, 단지 허리선까지 제작된 의복은 찾아보기 어렵다. 대부분의 상의나 원피스 드레스 등 상, 하의가 한 벌인 의복에는 허리선이 없다.

그러면 이런 패턴은 어떻게 만든 것인가? 상반신과 하반신은 서로 다른 모양을 가졌으므로 상반신의 패턴을 그냥 연장하여 제도하면 우리 몸에 잘 맞지 않는 의복이 된다. 허리선에 솔기가 없는 패턴을 제도하기 위해 톨소원형을 이용한다.

## 1. 톨소 패턴 만들기

톨소 원형은 바디스 원형과 스커트 원형을 연결하여 제작한다. 그러나 허리의 굴곡 때문에 두 원형을 연결시키는 것이 쉽지 않다. 바디스 원형과 스커트의 허리선은 모두 직선이 아니어서 둘을 맞붙일 수 없다. 그러므로 두 패턴을 연결하기 위해서는 몇 가지 작업이 필요하다.

우선 바디스 원형의 앞판은 허리선을 수평선으로 맞춘 투다트 원형을 사용한다. 주로 어깨나 옆선에 다트를 분할한 투다트 원형을 사용한다. 뒤길은 옆선을 맞추기 위해 옆선에서 5cm 들어가 옆선과 평행한 절개선을 그려 놓는다.

톨소 원형은 허리선을 너무 꼭 맞게 하면 신축성이 없는 의복의 경우 허리선에 수평 주름이 생겨 보기 흉하다. 그래서 톨소 원형의 허리에는 길 원형이나 스커트 원형에 비해 여유분을 더 넉넉히 준다. 몸에 꼭 끼는 디자인을 원한다면 허리선에 절개선을 주어야 자연스럽다.

옆선을 결정하고 남는 여유분을 다트로 잡아 준다. 다트량이 많으면 두 개의 다

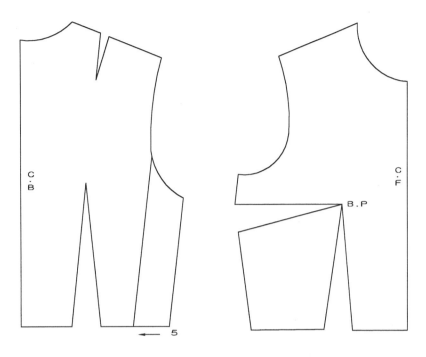

톨소패턴에 사용할 길원형

트로 잡아 주는 데 동일한 크기의 다트를 그리거나 중심쪽 다트를 약간 크게 잡
는다. 양끝이 있는 다트는 반드시 같은 끝을 갖는 다트의 선이 대칭이어야 한다.

## 1) 기본 톨소원형 제도

**앞**

① 앞중심선 : AB, 엉덩이 길이 : BC가 되는 수직선 AC를 그린다.

② 앞중심선의 허리위치 B에서 AC에 수직인 허리선(BD)을 긋는다.

③ 옆선이 허리선 위로 0.7cm 겹치게 놓으면서(스커트 원형에서 0.7cm 옆선을 올렸던 것을 기
억하자!) 스커트 원형의 앞중심이 C에 오도록 맞춘다.

④ 허리선 아래 스커트를 엉덩이 둘레선까지 그린다.

⑤ AB에 바디스 원형의 앞중심이, BD에 바디스 원형의 허리선이 위치하도록 패턴을 놓은 후 옮
겨 그린다. 이때 앞판 원형의 허리선 다트는 그릴 필요없다.

⑥ 바디스 원형의 옆선을 스커트 원형의 허리선과 연결한다.

⑦ B.P아래로 다트 포인트를 4cm 내려 앞중심선과 수직으로 긋는다. 이 것이 다트 위쪽 끝점을
결정하는 안내선이 된다.

⑧ 허리선에서 9cm 내려 앞중심선과 수직으로 긋는다. 이 것이 다트 아래 끝점을 결정하는 안내
선이 된다.

⑨ 스커트의 다트 중심에서 허리선 양쪽으로 다트 끝점 안내선까지 수선을 긋는다. 스커트의 중심
쪽 다트가 B.P보다 안쪽에 위치할 경우 B.P 아래로 다트 중심선을 이동해 준다.

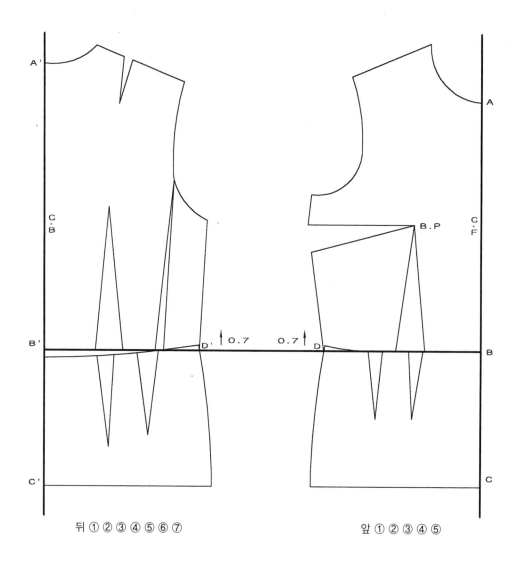

뒤 ① ② ③ ④ ⑤ ⑥ ⑦         앞 ① ② ③ ④ ⑤

⑩ 스커트의 다트량만큼 양쪽 다트선이 대칭이 되도록 그려준다.
⑪ 옆선 다트끝점을 B.P로부터 4cm 이동하여 다트를 다시 그려 준다.
⑫ 옆선이 각지지 않도록 0.3∼0.5cm 나가 자연스럽게 정리한다.


**뒤**

① 뒤중심선(A′B′), 엉덩이 길이(B′C′)가 되는 수직선 A′C′를 그린다.
② 뒤중심선의 허리위치 B′에서 A′C′에 수직인 허리선(B′D′)을 긋는다.
③ 옆선이 허리선 위로 0.7cm 겹치게 놓으면서 스커트 원형의 뒤중심선이 B′C′에 오도록 맞춘
    다. 스커트 뒤판의 허리 중심은 B′에서 1cm 내려온 지점이 된다.
④ 허리선 아래 스커트를 엉덩이 둘레선까지 그린다.
⑤ A′B′에 바디스 원형의 뒤중심이, B′D′에 바디스 원형의 허리선이 위치하도록 패턴을 맞춘다.

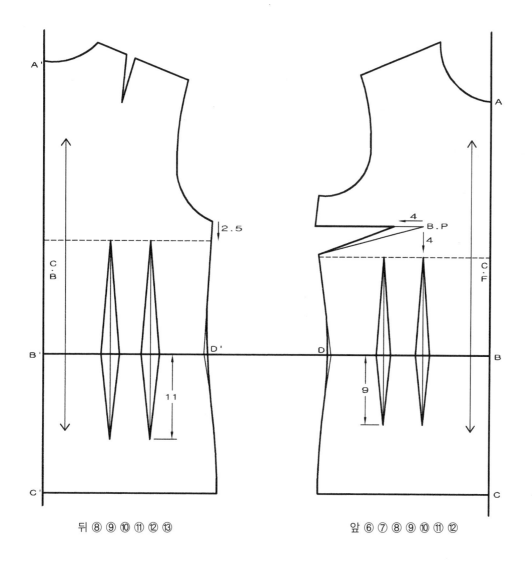

뒤 ⑧ ⑨ ⑩ ⑪ ⑫ ⑬               앞 ⑥ ⑦ ⑧ ⑨ ⑩ ⑪ ⑫

⑥ 바디스 원형의 옆선에서 5cm 들어가 옆선과 평행하게 그린 절개선을 따라 절개한다.

⑦ 바디스의 허리선이 스커트 옆선에 일치하도록 절개된 부분을 벌려 새로 생긴 옆선을 스커트 원형의 허리선과 연결한다.

⑧ 새로 생긴 바디스원형을 옮겨 그린다. 이때 뒤판 원형의 허리선 다트는 그릴 필요없다.

⑨ 뒤겨드랑점 아래로 다트 포인트를 2.5cm 내려 뒤중심선과 수직으로 긋는다. 이 것이 다트 위쪽 끝점을 결정하는 안내선이 된다.

⑩ 허리선에서 11cm 내려 뒤중심선과 수직으로 긋는다. 이 것이 다트 아래 끝점을 결정하는 안내선이 된다.

⑪ 스커트의 다트 중심에서 허리선 양쪽으로 다트 끝점 안내선까지 수선을 긋는다.

⑫ 스커트의 다트량만큼 양쪽 다트선이 대칭이되도록 그려준다.

⑬ 옆선이 각지지 않도록 0.3~0.5cm 나가 자연스럽게 정리한다.

## 2. 톨소 디자인(Torso design)

톨소 원형을 이용하여 드레스, 재킷, 코트, 블라우스 등 허리선이 없는 여러 가지 디자인에 응용할 수 있다. 톨소 원형은 허리선에 밀착(fit)된 정도에 따라 피티드, 세미 피티드, 루즈 피티드(박스 피티드)로 나뉘어 진다.

### 1) 피티드 실루엣(Fitted silhouette, the sheath)

허리선에 거의 여유분이 없이 밀착된 상태로 허리선에 약 2~4cm 정도의 여유분을 갖는다. 직물보다는 니트로 된 의복이 더욱 밀착감이 있다. 톨소 원형을 그대로 사용한다. 드레스 원형으로 사용할 때는 필요한 만큼 길이를 연장한다.

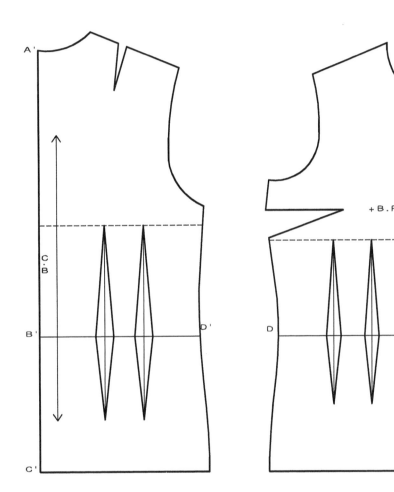

앞허리선(−다트분)=W/4+0.5cm(앞뒤차)+0.5~1 cm(여유분)
뒤허리선(−다트분)=W/4−0.5cm(앞뒤차)+0.5~1 cm(여유분)

## 2) 세미 피티드 실루엣(Semi-fitted silhouette, the shift)

　허리선에 8~12cm의 여유분이 있는 실루엣으로 디자인에 따라 다트를 만들 수도 만들지 않을 수도 있다. 다트를 두 개 잡을 때는 피티드 톨소 디자인보다 적은 양의 다트를 잡으며, 하나를 만들 때 는 중심쪽 다트를 잡아 준다.

　허리와 엉덩이의 차이가 크지 않을 때는 다트를 잡지 않고 옆선 에서 처리할 수 있다. 그러나 허리선은 엉덩이 둘레선보다 3cm 이 상 들어가지 않도록 한다. 뒤판이 쳐지지 않도록 뒤품선에서 0.5 cm 접어 삭제해 준다.

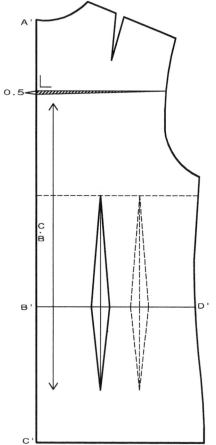
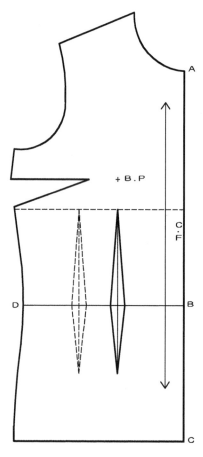

앞허리선(−다트분)=W/4+0.5cm(앞뒤차)+2~3cm(여유분)
뒤허리선(−다트분)=W/4−0.5cm(앞뒤차)+2~3cm(여유분)

## 3) 박스 피티드 실루엣(Box-fitted silhouette, the straight)

허리선에 12cm 이상의 여유분이 있거나 허리선의 굴곡을 무시한 디자인으로 진동둘레가 너무 좁지 않도록 1~2cm 옆선쪽으로 늘려 주고 0.5~1cm 내려 준다. 허리선의 굴곡이 심하지 않도록 옆선에서 조절한다. 뒤판이 처지지 않도록 뒤품선에서 1cm 접어 삭제해 준다.

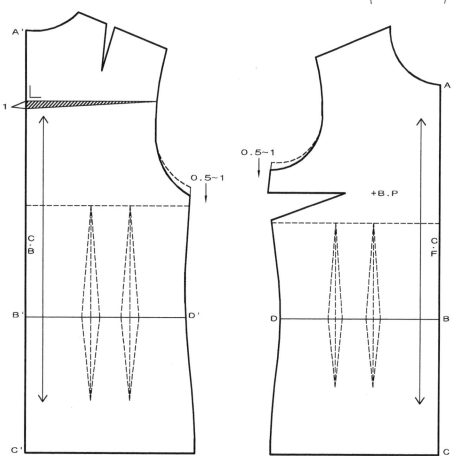

앞허리선=W/4+0.5cm(앞뒤차)+3cm이상(여유분)
뒤허리선=W/4−0.5cm(앞뒤차)+3cm이상(여유분)

## 4) 프린세스 디자인 1(Princess design)

어깨에서 시작된 프린세스 라인이 밑단까지 연장된 원피스 드레스이다. 바디스 패턴의 프린세스 라인과 유사하나 허리에 봉제선이 없으므로 양쪽 프린세스 라인의 균형을 잘 맞춰 두선의 길이가 같도록 하는 데 유념한다.

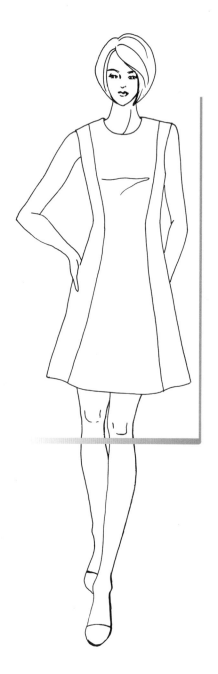

**앞**

① 어깨 중심에서 B.P를 지나 허리선 다트를 잇는 절개선을 자연스럽게 벌어지도록 밑단까지 연결한다.
② 스타일선이 각이 지지 않도록 자연스러운 곡선으로 정리한다. 프린세스 라인을 자연스럽게 연결하기 위해 다트선에서 0.3~0.5cm 안쪽으로 이동하여 곡선으로 그려준다.
③ 프린세스라인에서 늘린 만큼 옆선쪽에서도 밑단을 늘려 준다.
④ B.P를 중심으로 스타일선의 양쪽에 너치 표시를 한다.
⑤ 스타일선을 따라 절개한다.
⑥ B.P에서 1cm 옆선쪽으로 P점을 정한다.
⑦ P를 중심으로 옆선다트를 마주 접으면 B.P부분이 약간 벌어진다.
⑧ B.P 부분을 자연스럽게 곡선으로 정리한다.
⑨ 스타일 선의 양쪽 조각(panel)에 각각 중심선에 평행한 올 방향선을 그린다.

**뒤**

① 앞판 어깨의 스타일선과 동일한 위치를 뒤판의 어깨에 표시한다.
② 스타일선에 어깨 다트의 시작점이 위치하도록 다트를 이동한다.
③ 어깨 다트와 허리선 다트를 지나 밑단에서 약간 벌어지도록 자연스러운 곡선으로 연결한다. 프린세스 라인을 자연스럽게 연결하기 위해 다트선에서 0.3~0.5cm 안쪽으로 이동하여 곡선으로 그려준다.
④ 프린세스라인에서 늘린 만큼 옆선쪽에서도 늘려 준다.
⑤ 어깨 다트의 끝점과 허리선 다트의 양 끝점에 너치표시를 한다.
⑥ 스타일선을 따라 절개한다. 어깨 다트와 허리 다트의 조각은 버린다.
⑦ 스타일 선의 양쪽 조각(panel)에 각각 중심선에 평행한 올방향선을 그린다.

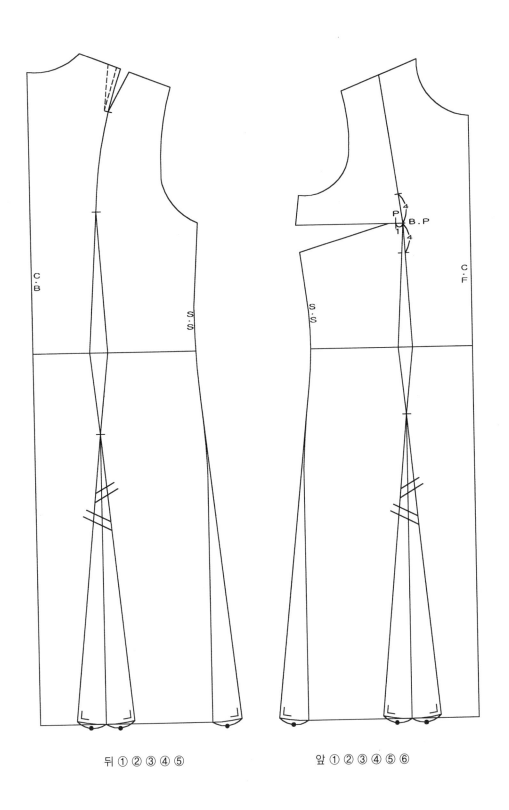

뒤 ① ② ③ ④ ⑤          앞 ① ② ③ ④ ⑤ ⑥

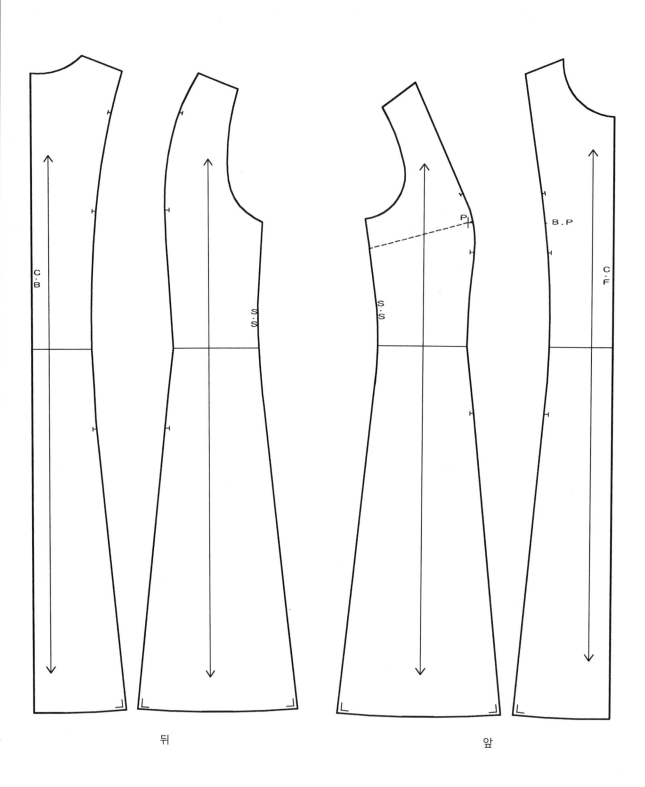

뒤                                    앞

## 5) 프린세스 디자인 2

진동둘레에서 시작되어 밑단까지 연결된 프린세스 라인으로 정장류의 사의에서 가장 많이 사용되는 디자인이다. 남성복에서는 다트와 상관없이 옆선쪽에 디자인으로 만들어 주기도 한다. 양쪽 프린세스 라인의 길이가 같도록 유념한다.

**앞**

① 진동둘레선에서 B.P.를 지나는 프린세스 라인을 곡자 또는 프렌치 커브를 이용하여 그린다.
② 허리선다트의 아래쪽 끝을 밑단까지 연장한다.
③ 프린세스 라인을 자연스럽게 연결하기 위해 다트선에서 0.3~0.5cm 안쪽으로 이동하여 곡선으로 그려준다.
④ B.P를 중심으로 스타일선의 양쪽에 너치 표시를 한다.
⑤ 스타일선를 따라 절개한다
⑥ B.P에서 1cm 옆선쪽으로 P점을 정하여 절개한다.
⑦ 점P를 중심으로 옆선다트를 마주 접으면 B.P부분이 약간 벌어진다.
⑧ B.P 부근의 선을 곡선으로 둥글게 수정한다.
⑨ 스타일 선의 양쪽 조각(panel)에 각각 중심선에 평행한 올방향선을 그린다.

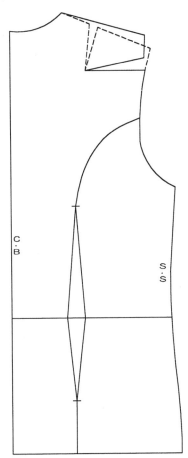

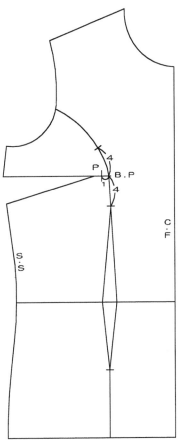

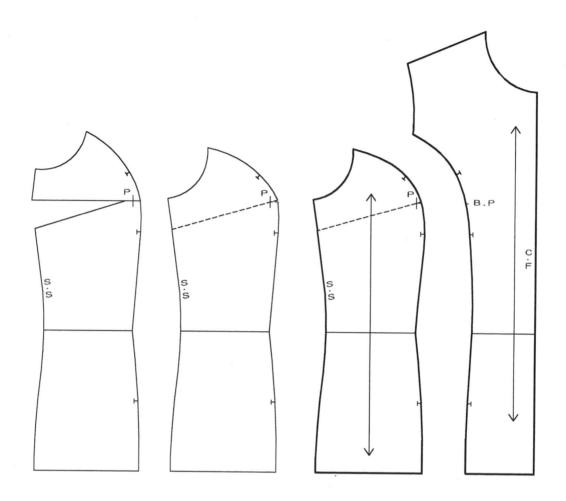

**뒤**

① 어깨다트의 끝점에서 진동둘레에 수평선을 긋는다.

② 수평선을 절개하고 어깨 다트를 접어 다트량을 진동둘레로 이동시킨다.

③ 뒤길의 진동둘레선에서 프린세스 라인의 위치를 정해 허리 다트선과 자연스
러운 곡선으로 연결한다.

④ 허리선다트의 아래쪽 끝을 밑단까지 연장한다.

⑤ 프린세스 라인을 자연스럽게 연결하기 위해 다트선에서 0.3~0.5cm 안쪽으
로 자연스럽게 정리한다.

⑥ 허리선 다트의 양 끝점에 너치 표시를 한다

⑦ 스타일선을 따라 절개한다.

⑧ 옆선쪽 조각에서 진동둘레 다트분을 삭제하여 스타일선과 자연스럽게 연결한다.

⑨ 너치 위치에서 진동둘레선까지 스타일선을 마주치게 한 후 차이가 나는 진동둘레선을 정리한다.

⑩ 프린세스 라인 양쪽에 중심선과 평행으로 올방향선을 표시한다.

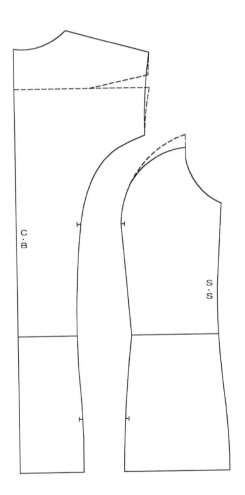
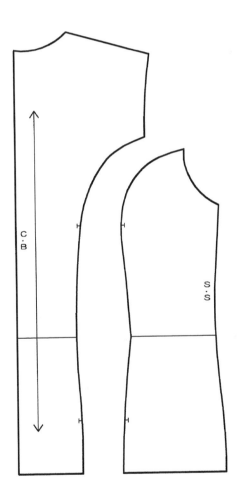

215

## 6) 텐트 디자인(Tent design)

마치 텐트와 같이 아래로 내려갈수록 퍼지는 디자인이다. 다트를 접어 아래로 벌어지게 하며 더 많은 양을 벌리고 싶을 때 다트 이외의 절개선을 주어 벌린다. 허리선의 들어간 모양을 자연스럽게 수정해준다. 벌어진 양이 같도록 앞, 뒤 다트 끝점의 위치를 이동하거나 앞, 뒤 패턴을 중심에서 포개어 옆선을 비슷한 모양으로 정리한다.

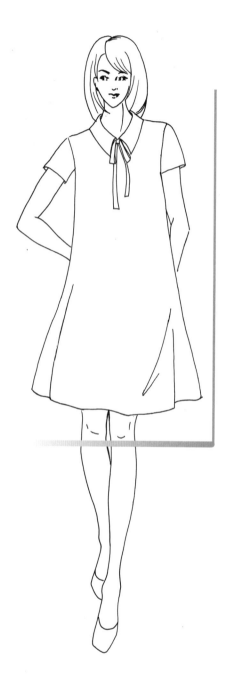

**뒤**

① 톨소 뒷판을 준비한다. 허리선 다트는 그리지 않는다.
② 어깨다트점에서 허리선을 지나 밑단까지 수선(절개선)을 긋는다.
③ 절개선을 따라 절개한다. 풍성한 플레어를 원하면 진동둘레에 절개선을 넣어준다.
④ 다트를 접어 절개선을 벌린다. 다른 절개선도 벌려주고 옆선에서도 같은 양으로 늘여 준다.
⑤ 허리선의 잘록한 선을 자연스러운 곡선으로 정리한다.

**앞**

① 톨소 앞판을 준비한다. 허리선 다트는 그리지 않는다.

② 옆선 다트를 B.P까지 연장한다.

③ 연장된 옆선 다트를 어깨선으로 이동하여 벌린다.

④ B.P에서 밑단까지 앞중심선에 평행한 선을 그린다.

⑤ 절개선을 따라 절개한다. 풍성한 플레어를 원하면 진동둘레에 절개선을 넣어준다.

⑥ 어깨 다트를 접어 절개선을 벌린다. 다른 절개선도 벌려주고 옆선에서도 같은 양으로 늘여 준다.

⑦ 허리선의 잘록한 선을 자연스러운 곡선으로 정리한다.

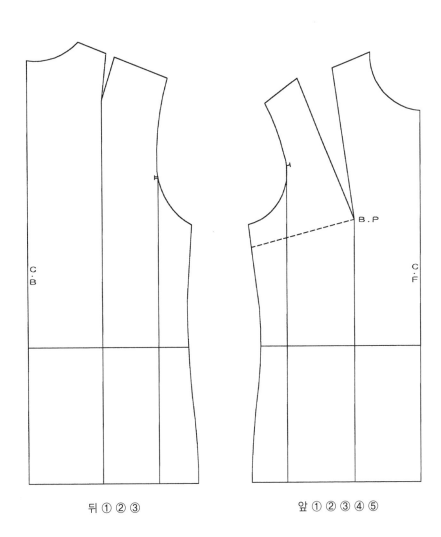

뒤 ① ② ③          앞 ① ② ③ ④ ⑤

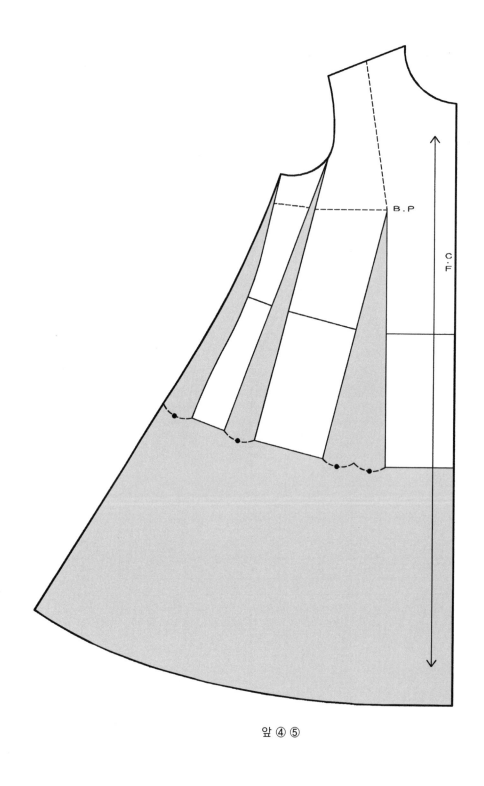

앞 ④ ⑤

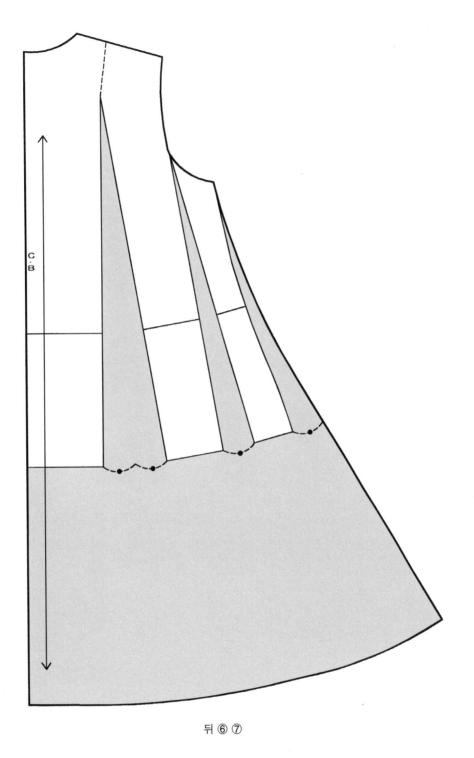

뒤 ⑥ ⑦

# 3부

이제까지 종이에
패턴을 제도하는 과정을 익혔다.
이제부터는 옷으로 제작되기 위해 옷감에 패턴의
표식을 옮기는 과정을 배워보자. 패턴 제작이란
그저 종이에 옷으로서의 가능한 형태를 표시하는
것으로 끝나지 않는다. 재단에 필요한 모든 사항,
봉제에 필요한 모든 사항들을 표시하여 다음
작업들이 이해하기 쉽고 정확하도록
해 주는 일이 모두 패턴제작시 관리
되어야 할 일이다.

패턴의 마무리

# 제1장
## 패턴의 완성

여러 가지 디자인에 따라 제작된 패턴은 아직도 완전한 패턴이라 하기엔 미흡하다. 패턴을 천에 놓고 배치하여 마름질하기까지 필요한 과정이 있다. 하나 하나 짚어보고 자신의 패턴에서 미흡한 점이 있으면 표시하도록 하자. 변형된 패턴을 이용하여 재단하고 옷을 제작하려면 일차 패턴에 여러 가지 마무리 작업이 필요하다. 여밈을 위한 분량 및 안단 등이 포함되어야 하며 완성된 패턴으로서의 기능을 하기 위해서는 앞서 설명한 마무리 및 표식을 해 주어야 한다.

원형을 활용하여 완성한 패턴에는 다음과 같은 사항들을 표시해 두어야 마름질할 때 도움이 된다.

## 1. 패턴 치수 확인

패턴을 완성하고 나면 정해진 치수들이 맞는 가를 확인하는 작업이 필요하다. 서로 같은 길이로 봉제되어야 할 부분의 길이가 맞지 않으면 제작에 어려움이 있고 남은 길이가 보기 싫게 울거나 찝혀 의복의 모양을 망친다.

디자인에 따라 확인해야 하는 부위가 다르겠지만 일반적으로 다음의 치수들을 확인한다. 만일 치수에 이상이 있으면 제도 과정에서 잘못된 이유를 찾아 반드시 수정하도록 한다.

### 1) 앞, 뒤 어깨 확인

앞, 뒤 어깨는 뒤의 다트량을 제외했을 때 같거나 뒤의 어깨선이 앞 어깨선보다 0.3~0.5cm정도 길다. 이 것은 뒤 어깨의 둥근 모양을 커버하기 위한 이즈(ease) 분으로 잔잔하게 오그려 잡는다.

① 앞길위에 뒤길을 올려 놓는다.
② 어깨선을 맞춰가며 다트의 중심쪽선 위치(A)를 앞길에 표시한다.
③ 표시된 위치(A)에서 다시 남은 앞, 뒤길의 어깨를 맞춘다.

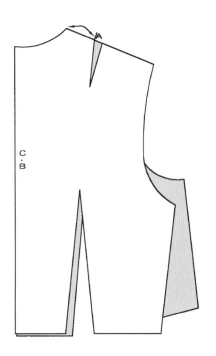 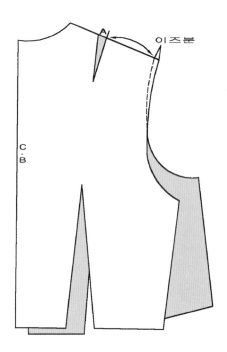

## 2) 진동둘레와 소매둘레

소매 둘레는 진동둘레보다 2~3cm 정도 크다. 물론 디자인에 따라 진동둘레와
동일한 치수를 갖는 소매둘레도 있을 수 있다. 겨드랑점에서 너치까지의 길이는
소매와 진동이 일치하여야 한다.

① 겨드랑점을 맞추며 길패턴 위에 소매 패턴을 겹쳐 놓는다.
② 진동둘레를 따라 소매둘레를 맞춰가며 너치 위치를 확인한다.
③ 너치 위로 진동둘레를 따라 소매둘레를 맞춰가며 길의 어깨끝점을 소매둘레선에 표시한다. 남
은 양이 이즈(ease)분량이다. 너무 많거나 적으면 패턴을 수정해 주어야 한다.

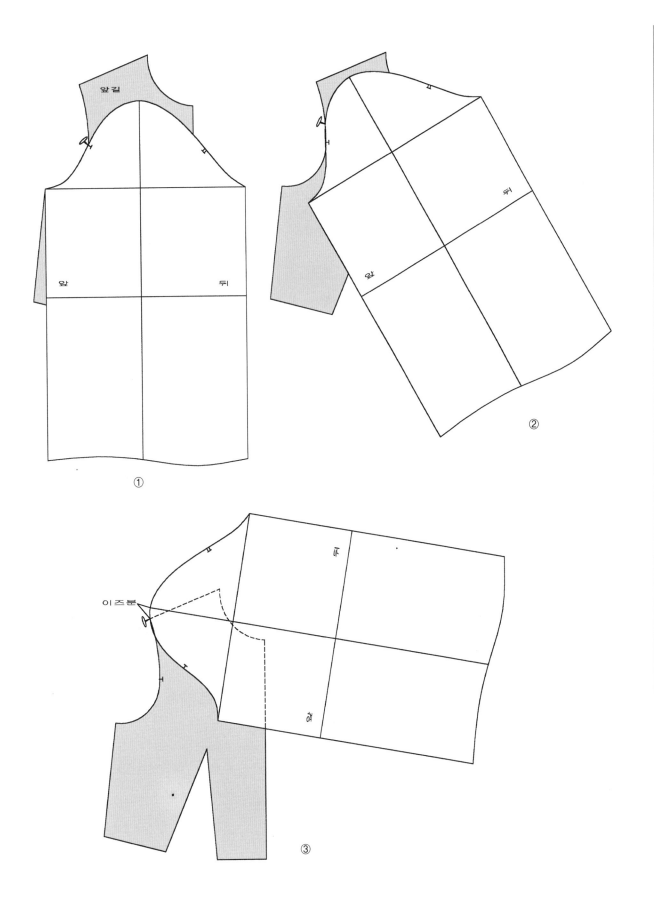

앞길

앞

뒤

①

뒤

앞

②

이즈분

뒤

앞

③

## 3) 길의 옆선

앞, 뒤길을 겹쳐 놓고 겨드랑점에서 허리옆점까지의 길이를 맞춘다.

앞길에 다트가 있는 경우 어깨선의 경우와 같이 다트분을 제외한 길이가 일치하여야 한다.

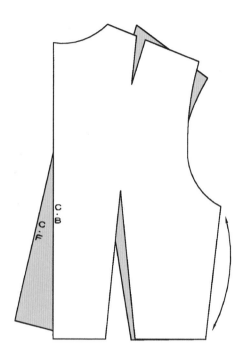

## 4) 길과 스커트의 허리선

길과 스커트가 연결된 원피스 드레스의 경우 다트, 또는 디자인에 따른 여유 분량을 제외한 봉제선의 길이가 일치하여야 한다.

① 스커트의 방향을 뒤집어 허리선이 밑에 오도록 놓는다.
② 스커트의 허리선 중심에 길의 허리선 중심이 맞도록 겹쳐 놓는다.
③ 허리선을 맞춰가면서 스커트의 첫 다트선 위치(A)를 표시한다.
④ 다트분을 제외하고 남은 허리선을 다시 맞춰 나간다. 스커트와 길의 다트를 만날 때마다 ③과 ④의 과정을 반복한다.
⑤ 스커트와 길패턴이 허리 끝점에서 맞는가를 확인한다.

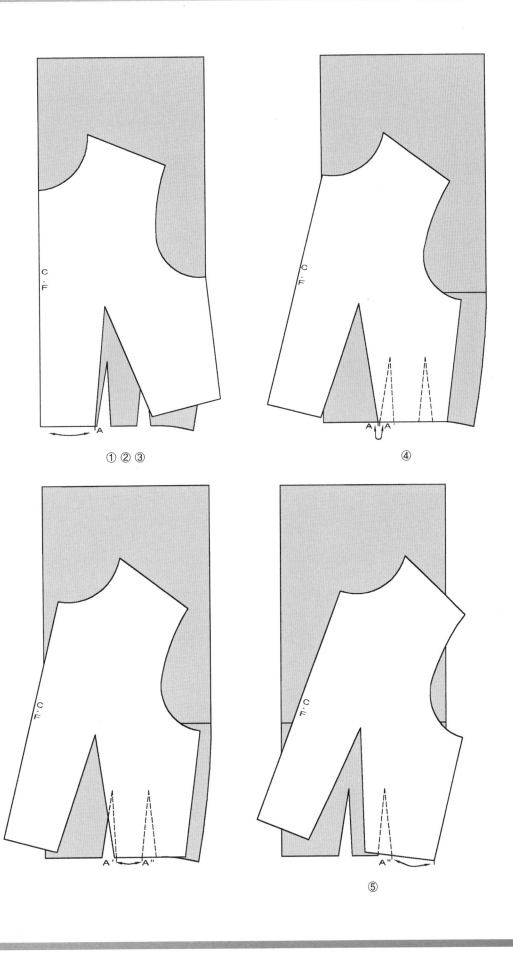

① ② ③

④

⑤

## 5) 스커트 옆선 및 스커트 폭

앞, 뒤 스커트를 옆선과 엉덩이 둘레선을 맞추어 포갠다. 이때 옆선의 길이가
일치하여야 하며 엉덩이 둘레선이 같은 위치에 있어야 한다.

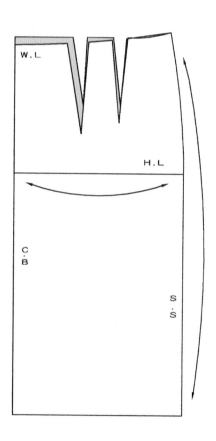

## 2. 외곽선의 정리

완성선에 벌리거나 접은 부분이 있다면 어긋난 선을 깨끗이 정리한다. 다트를
접어 꺾인 완성선을 자연스럽게 그려준다. 서로 봉합될 패턴의 완성선을 만나게
놓고 연결되는 선이 곱게 이어지도록 정리한다.

### 1) 다트가 있는 외곽선의 정리

① 다트를 정해진 방향으로 접는다.
② 어긋난 외곽선을 곡선, 또는 직선으로 연결해 그린다.
③ 새로 그린 선을 따라 다트를 접은 상태로 패턴을 자른 후 펼친다.

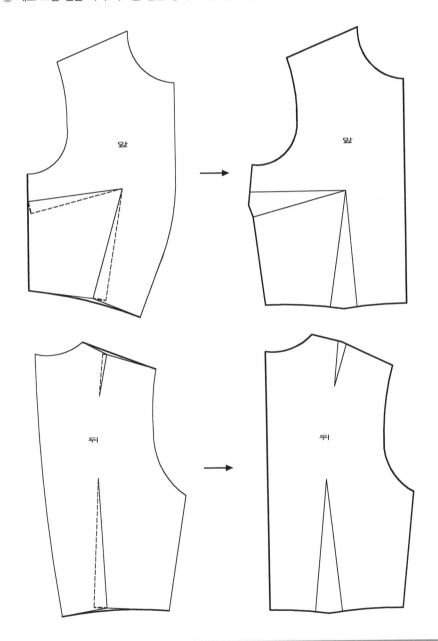

## 2) 서로 봉합될 외곽선의 정리

함께 봉합될 부위의 선을 맞춰 보고 어긋나거나 꺽인 부분이 있으면 자연스러운 곡선으로 연결하여 그려 준다.

① 앞어깨선과 뒤어깨선을 목옆점에서 맞추고 앞, 뒤 목둘레선이 자연스러운 곡선이 되는가 확인한다.

② 앞어깨선과 뒤어깨선을 어깨끝점에서 맞추고 앞, 뒤 진동둘레선이 자연스러운 곡선이 되는가 확인한다.

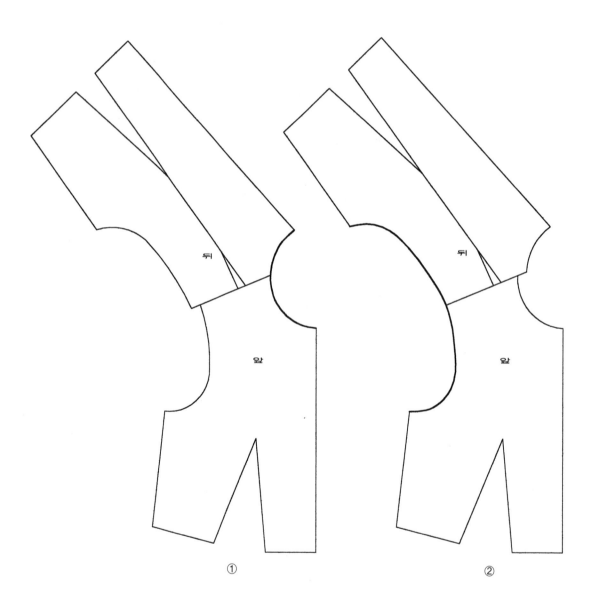

③ 앞, 뒤길의 옆선을 맞추고 겨드랑점을 지나는 앞, 뒤 진동둘레선이 자연스러운 곡선이 되는가
   확인한다. 또 허리 둘레선이 옆선에서 꺾이지 않도록 자연스러운 선으로 그려 준다.

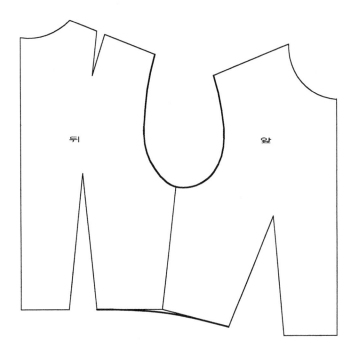

④ 소매 중심선을 기준으로 양쪽 모두 반으로 접어 앞, 뒤 소매둘레선과 소매 밑선이 만나게 한
   후 자연스러운 곡선으로 이어지도록 정리한다.

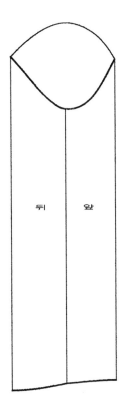

## 3. 완성패턴에 필요한 표식

### 1) 여밈분

의복에는 여밈의 위치, 종류에 따라 필요한 여밈분이 다르다. 알맞은 여밈분이 패턴내에 반드시 추가되어야 한다.

### 2) 안단

안단이란 의복의 안쪽에 겉감으로 봉제되는 부분으로 의복 디자인에 따라 안단의 분량과 위치가 다르다. 일반적으로는 여밈이 있는 부분에 안단이 들어가 소매나 칼라가 없는 디자인에는 목둘레선, 진동둘레선에도 안단이 필요하다. 안단선 표시로 안단의 위치를 정확히 표시한다.

### 3) 너치

두 개의 다른 패턴에서 서로 봉합되는 부위를 나타내는 노치 표시는 봉제를 위해 매우 중요한 과정이다. 어깨, 옆선 등에서 앞, 뒤판이 서로 만나는 위치, 소매와 진동둘레, 칼라와 네크라인 등 필요한 부위에 정확한 위치를 잡아 너치를 준다.

### 4) 식서 방향

패턴이 배치되는 방향을 나타내는 선이다. 길고 곧게 표시하며 양쪽 끝에 화살 표시를 한다. 중요한 내용이므로 뒤에서 다시 한번 짚고 넘어가자.

### 5) 곬

일반적으로 패턴은 좌우 대칭으로 봉제선 없이 양쪽을 한꺼번에 재단하는 경우, 곬 표시를 한다.

### 6) 중심표시

앞, 뒤 중심 표시를 정확히 해 주어야 한다.

## 7) 기타 부속위치(단추, 단추구멍, 포켓, …)

패턴에는 재단, 봉제될 모든 것들에 대한 표식이 명확해야 한다. 단추와 단추구멍의 위치도 정확히 표시하며 주머니가 있으면 주머니의 위치 등도 표시한다.

## 8) 패턴의 설명

모든 패턴에는 고유의 표시가 있도록 한다. 패턴의 의복 종류(블라우스, 스커트 등…), 부속된 패턴의 명칭(길, 소매, 칼라 등…), 위치(앞, 뒤, 옆선 패널 등…), 사이즈 등을 적고 패턴 제작자의 명칭 및 일련번호를 주어 다른 사람의 것과 혼동되지 않도록 한다.

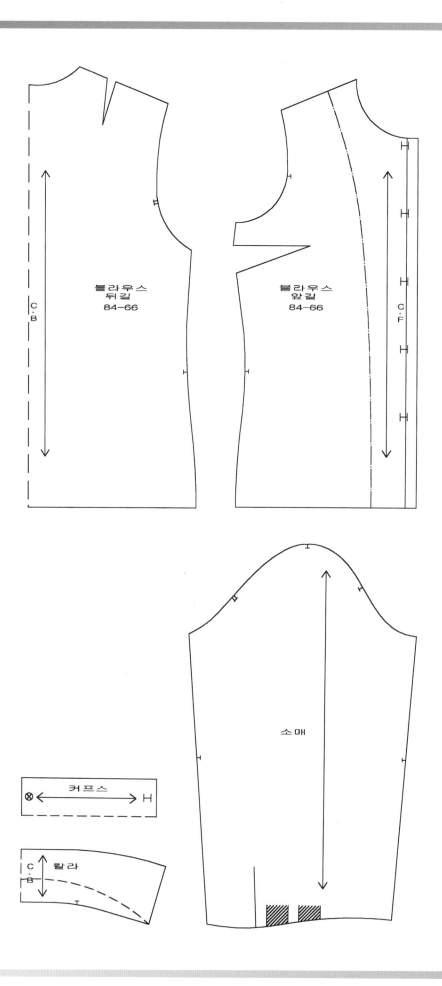

블라우스
뒤길
84-66

블라우스
앞길
84-66

소매

커프스

칼라

## 4. 패턴에 자국내기

패턴은 경우에 따라 뒤집어 배치하기도 하므로 안팎으로 선의 표시가 있어야
한다. 일반적으로 가위집으로 표시하는 데 외곽선에 접한 부분은 삼각 가위집으
로, 안쪽에 위치한 부분은 다이아몬드 형으로 잘라내어 표시한다.

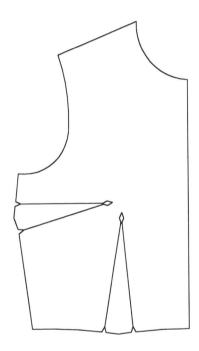

# 제2장
# 재단을 위한 준비
*Preparation for Cutting*

재단이란 패턴을 옷감에 옮겨 표시하고, 봉제 가능하게 자르는 것이다. 재단할 때는 옷감을 바르게 손질한 후 패턴에 표시된 것에 따라 옷감의 올방향, 무늬 등을 고려하며, 봉제 시 필요한 모든 조건을 정확하게 나타내야 한다. 또한, 옷감에 따라서 표시 방법과 자르는 도구가 다르고, 한가지 옷을 만들 때와 대량 생산의 경우가 다르므로, 여러 가지를 공부하여 적절히 응용할 수 있도록 한다.

## 1. 옷감 다루기

### 1) 천의 겉과 안

종이와 달리 천에는 안과 겉의 구별이 있다. 안과 겉이 완전히 같은 천도 있으나 대부분은 안과 겉이 달라 미리 안, 밖을 구분해 놓고 겉이 옷의 겉으로 나오도록 재단하여야 한다.

안과 겉을 구별하는 일은 쉬운 일이 아니지만 다행히 구분하는 기본적인 방법이 있다. 일단 구별하고 나면 천의 안쪽에 군데군데 천의 안쪽임을 표시하여 자투리 천이 남았을 때도 혼동되는 일이 없도록 한다.

① 직물의 양쪽 가장자리(salvage)에 바늘로 천을 고정시켰던 구멍이 있다. 바늘이 들어간 쪽 즉, 움푹 들어간 쪽이 겉이다.

② 옷감의 가장자리에, 안감의 경우는 옷감의 무늬로도 회사명이나 천의 명칭, 소재 등이 적혀 있는 경우가 있다. 이때 선명하게 적힌 쪽이 겉이다.

③ 더블 폭(150cm)의 모직물은 겉이 마주 보고 반으로 접혀진 채 감겨 있다. 그러므로 바깥으로 보이는 쪽이 안이다. 90cm, 110cm 등의 옷감은 접지 않고 겉이 드러나도록 감겨 있다.

④ 무늬가 있으면 무늬가 선명한 쪽이 겉이다.

⑤ 능직물에서는 보편적으로 모직물은 오른쪽 위에서 왼쪽 아래로 능선이 지는 쪽이, 면직물은 왼쪽 위에서 오른쪽 아래로 지는 쪽이 겉이나 그렇지 않은 천도 있다.

최근의 옷감은 안과 겉을 구별하기 어려운 감이 많으며 실제로 어느 쪽을 겉으로 사용해도 무방한 감도 많다. 그러나 일단 한쪽을 겉으로 사용하기로 결정했으면 그 옷에서 안과 밖이 바뀌는 일은 없어야 한다. 그러므로 천의 안쪽에 동일한 표시를 하여 혼동되지 않도록 하며, 남은 천에도 반드시 안 표시를 해 놓도록 한다.

## 2) 올의 방향

천은 가로올과 세로올이 정해진 규칙에 의해 서로 교차하면서 직조된 것으로 종이와는 달리 가로, 세로, 사선 방향의 성질이 다르다. 패턴에 올방향(식서 방향)을 표시하는 것이 이러한 이유이며 재단할 때 반드시 정한 올방향에 따라 패턴을 배치하여야 한다.

### (1) 올 방향에 따른 특성

① 세로올방향(length wise grain) : 옷감의 가장자리와 평행한 방향으로 천의 방향 중 가장 신축성이 적어 옷의 형태를 잡아주는 방향으로 사용된다. 식서 방향, 경사(warp) 방향으로도 불린다.

② 가로올 방향(crosswise grain) : 옷감의 가장자리와 수직하는 방향으로 세로올 방향보다는 신축성이 있고 바이어스 방향보다는 신축성이 적은 성질이 있다. 위사(weft) 방향으로도 불린다.

③ 바이어스 방향(bias) : 옷감에서의 사선방향을 이르며 신축성이 크다. 45°의 사선방향을 정바이어스(true bias)라고 부르는 데 옷감에서 가장 신축성이 큰 방향으로 드레이프나 신축성이 필요한 테이프 등을 만들 때 이 방향으로 재단한다.

### (2) 패턴의 올방향 표시

천의 올방향 특성에 맞춰 패턴에 올방향을 표시한다. 올방향 표시란 세로올 방향의 표시로 천의 세로올 방향에 패턴이 어떻게 놓일 것인가를 표시하는 작업이다. 가능하면 직선이 있는 가까이에 길고 곧게 표시한다. 양쪽에 화살표를 주며 결이 있는 감을 사용할 때는 위쪽에만 화살표를 준다.

① 세로올방향 : 특별한 디자인이 아니면 인체의 길이 방향이 천의 세로올 방향

이 되게 표시한다. 즉, 바디스나 스커트의 앞, 뒤 중심선, 바지의 주름선, 소매의 중심선 등이 옷감의 세로올 방향과 평행한 선이다. 이러한 중심선과 평행하게 패턴 길이의 ⅜가 넘도록 긴 수선을 그려 준다.

② 가로올 방향 : 인체의 가로 방향, 즉 품, 가슴둘레선, 허리선, 엉덩이 둘레선 등이 옷감의 가로올 방향과 평행, 또는 가로올 방향과 가깝게 놓인다. 따로 가로올 표시는 하지 않고 올방향 표시에 수직되는 방향으로 이해하면 된다.

③ 바이어스 방향 : 신축성을 요하는 여러 가지 패턴에 표시한다. 드레이프가 많은 플레어드 스커트, 안칼라, 주머니의 입술감, 카울, 바이어스 테이프, 그밖에 무늬 등에 의해 사선으로 재단해야 하는 경우 등 여러 가지가 있다. 바이어스의 표시는 가로올 방향과 세로올 방향을 직각으로 교차시킨 긴 X자 모양으로 그린다.

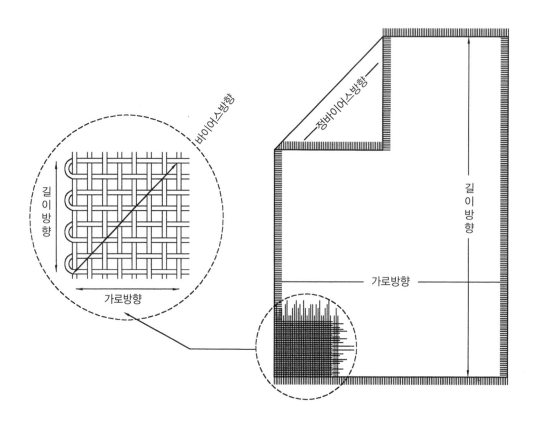

### (3) 옷감의 올방향 잡기

옷감은 심한 장력을 받으면서 엄청나게 긴 길이로 직조되다 보니 가로올과 세로올이 반듯한 직각으로 교차되어 있지 않은 경우가 있다. 이런 천을 그대로 사용할 경우 의복의 올방향이 바르지 못해 옷의 맵시가 나지 않으며 심한 경우 세탁 후 옷이 변형되거나 뒤틀리기까지 한다.

그러므로 올 방향을 제대로 잡아 주는 과정이 필요하다.

① 양쪽 가장자리(salvage)가 심하게 뒤틀려 있으면 가장자리를 잘라낸다.
② 가로올을 하나 뽑는다.
③ 가로올을 맞춰 가며 세로 방향으로 반 접는다.
④ 뽑은 가로올을 기준으로 맞도록 가로방향과 세로 방향으로 다려가며 올방향을 맞춘다. 절대로 바이어스 방향으로는 다리지 않도록 한다.

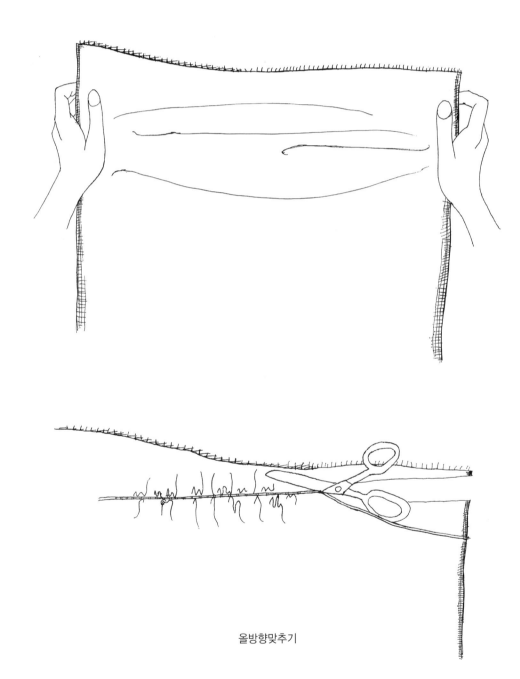

올방향맞추기

## 2. 패턴 배치 및 그리기(marking)

완성된 패턴을 천에 놓고 완성선을 그린 후 시접을 포함하여 재단한다. 배치 방법에 따라 천을 낭비할 수도 절약될 수도 있다. 의복 종류나 천의 종류에 따라 배치 방법이 다르겠으나 일반적인 원리를 알아보자

### 1) 옷감의 배치 원리

(1) 천의 안쪽을 위로 향하게 하여 패턴을 배치한다. 더블폭(150cm)감은 일반적으로 반으로 접어 재단한다.

(2) 재단하다 감이 모자라지 않도록 모든 패턴을 천에 대강 놓아 보고 의복에 필요한 모든 조각이 나오는 지 확인한다. 나중에 모자랄 때 생길 수 있는 낭패를 방지하기 위한 방법이다.

(3) 패턴은 큰 것부터, 기본 패턴부터 배치한다. 그래야 혹시 감이 모자라더라도 자잘한 부속에 요구되는 분량의 옷감만 구하면 된다.

(4) 패턴으로 양쪽 조각을 배치할 때 패턴을 반드시 뒤집어 같은 방향의 패턴이 두 장 나오지 않도록 한다.

(5) 첨모직물, 방향이 있는 무늬 등 방향성이 있는 직물은 패턴을 모두 같은 방향으로 배치하여야 한다. 즉 패턴에서 위가 되는 부위는 천에서도 위쪽을 향하도록 배치한다.

(6) 천에 자를 이용하여 올방향선을 길게 표시하고 패턴의 올방향선에 맞춰 패턴을 정확히 놓는다.

(7) 줄무늬, 격자 무늬 등의 천을 접어 재단할 때는 핀으로 위, 아래천의 무늬를 맞춰 놓는다.

### 2) 시접 넣기

#### (1) 시접분량

시접분량은 부위, 선의 굴곡정도, 천의 성질 및 시접처리 방법에 따라 각기 다르나 일반적으로 시접량을 정하는 기준이 있다.

① 직선부분은 시접을 여유롭게 준다.

② 곡선부분은 시접을 적게 둔다. 시접분이 많으면 곡선이 매끄럽게 처리되지 못한다.

③ 수정이 많이 되는 부위에는 시접을 넉넉히 둔다. 어깨, 품, 단 등 가봉에서 혹시 수정이 잘 되는 부위에는 수정 가능한 여유분을 시접에 포함시킨다. 가봉 후에는 알맞게 다시 잘라준다.

④ 단에는 시접을 넉넉히 둔다. 소맷단, 재킷, 스커트 등의 단은 길이를 충분히 주어 수정이 가능하게 할 뿐 아니라 무게로 인해 형태를 안정시켜 준다.

⑤ 잘 풀리는 감은 봉제도중 풀리는 것을 감안하여 시접량을 가산한다.

⑥ 얇은 감에는 시접량이 너무 적거나 많지 않도록 한다. 너무 적으면 시접이 꺾이지 않아 제자리에 놓이지 않고, 많으면 비치는 부분이 보기 흉하다.

| 시접 분량 | 특징 | 부분 |
|---|---|---|
| 0.7~1cm | 시접이 감춰지는 부위 | 요크, 커프스, 허리밴드, 칼라 등 |
| 1~1.5cm | 곡선이 강한 부위 | 목둘레선, 진동둘레선 등 |
| 1.5~2cm | 곡선이 완만한 부위 | 프린세스선, 허리선 등 |
| 2~2.5cm | 직선부위, 수정을 요하는 부위 | 어깨, 옆선, 소매 밑선, 밑위둘레선 등 |
| 3~4cm | 단, 또는 여분이 필요한 부위 | 소매단, 지퍼다는 부분 등 |
| 5~6cm | 단 | 스커트, 바지, 재킷 등의 단 |

### (2) 시접 그리기

시접은 정해진 분량만큼 완성선에 평행하게 그리며 각 선의 끝에서는 시접선을 연장하여 만나는 서로 만나는 점이 시접의 끝이 된다. 그러나 시접을 꺾는 방향에 따라 시접 끝의 형태를 바꿔 주어야 하는 경우도 있다. 특히 통이 좁아지는 소매나 바지의 경우 시접선을 그대로 연장하면 단을 접었을 때 감이 모자라 옷이 울게 된다. 그러므로 접은 후의 모양을 반드시 고려하여 시접모양을 그려 주어야 한다. 그러나 A-라인, 플레어드 스커트의 경우 단의 조절이 가능하도록 옆선을 그대로 연장하여 준다.

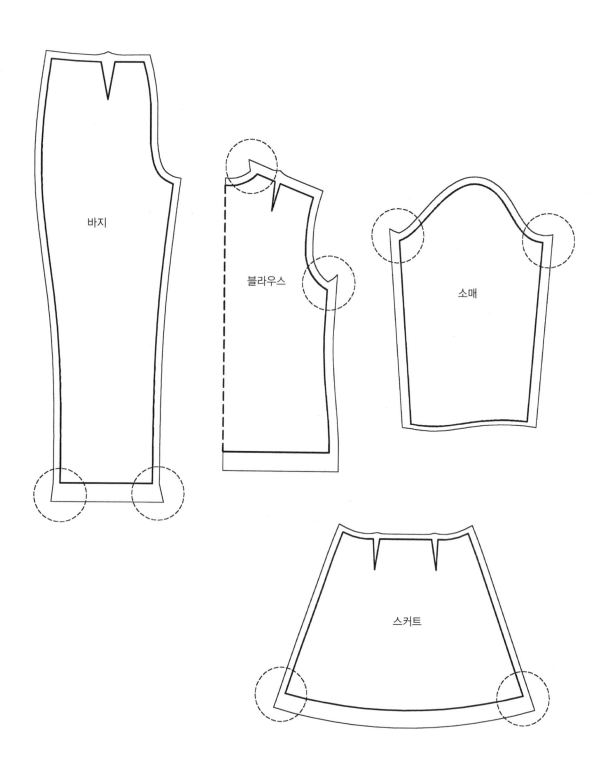

바지

블라우스

소매

스커트

### 3) 옷감의 배치 및 재단 순서

(1) 천을 올 방향을 맞춰 가며 다린다.

(2) 안이 위로 오게 펼쳐 놓는다. 접어 재단하는 경우 두 천이 서로 편평하게 놓이도록 잘 매만진 후 핀으로 고정시킨다.

(3) 패턴의 올방향선에 맞춰 패턴을 배치한다.

(4) 패턴을 천과 함께 핀으로 고정시킨다.

(5) 자를 대고 패턴의 완성선을 초크로 그린다. 너치 위치는 완성선과 수직이 되게 시접 방향으로 표시한다.

(6) 자로 정확히 시접량을 표시하여 시접을 넣는다.

(7) 패턴이 붙어 있는 상태로 재단한다.

### 4) 소요량 구하기

옷감의 소요량을 추정하는 일은 경제적인 측면에서 상당히 중요하다. 정확한 추정은 재단 도중 옷감이 모자라거나 쓸데없이 옷감이 남을 지도 모르는 위험을 방지해 준다. 특히 한가지 품목을 수백, 또는 수천 개를 제작하는 대량 생산업체에서는 소요량의 추정(요척내기라 부른다)은 회사의 이윤과 직접적인 연관이 있다.

옷감의 폭과 성질, 패턴의 크기, 시접량 등 여러 가지 요인들이 소요량에 영향을 주지만 원리를 이해하고 나면 간단히 계산할 수 있다. 한 벌에 소요되는 옷감의 양을 계산해 보자.

#### (1) 큰 패턴의 정보

옆 지퍼가 있는 스트레이트 스커트라면 곬로 마른 앞판과 뒤판, 허리밴드의 세 개의 패턴이 필요하다. 앞트임의 블라우스라면 뒤판, 앞판 2개, 소매 2개, 커프스 4장, 칼라 2장, 안단 2장이 필요하다. 그러나 잔잔한 부속은 큰 패턴사이의 여유 공간에 주로 배치되므로 스커트, 길, 소매 등의 큰 패턴의 개수와 폭, 길이 등을 알면 된다.

#### (2) 옷감의 폭

일반적으로 시중에서 구할 수 있는 감의 폭은 90cm, 110cm, 150cm 폭이다. 옷감의 폭 안에 모든 패턴이 배치 가능하다면 가장 긴 패턴의 길이에 시접 및 여유 분만 보탠 길이면 충분하다.

단 한 개의 패턴이라도 폭 안에 포함되지 못한다면 그 패턴의 길이만큼의 천이 더 필요하다. 이러한 방법으로 필요량을 추정할 수 있다.

### (3) 옷감의 특징

옷감에 결이나, 무늬 등이 있으면 그 특징을 살려 배치해야 한다. 결이 있는 옷 감은 패턴을 배치할 때 반드시 위, 아래를 맞춰 주어야 한다. 무늬를 맞춰야 하는 옷감은 패턴내에 무늬 맞춤의 표시를 한 후 같은 무늬에 패턴의 같은 위치가 놓 이도록 배치하여야 한다. 천의 특징을 살려야 하는 경우 그렇지 않은 경우보다 천이 더 많이 필요하다

### (4) 옷감의 소요량 계산 방법

| 종류 | 너비 | 소요량 | 계산 방법(시접과 여유분 포함) |
|---|---|---|---|
| 블라우스 | 90cm | 150~200 | 블라우스길이×2+소매길이 |
| | 110cm | 130~180 | 블라우스길이×2 |
| | 150cm | 120~140 | 블라우스길이+소매길이 |
| 스커트(스트레이트) | 90cm | 110~140 | 스커트길이×2 |
| | 110cm | 110~140 | 스커트길이×2 |
| | 150cm | 60~80 | 스커트길이 또는 허리밴드길이 중 긴 것 |
| 바지 | 90cm | 200~220 | 바지길이×2 |
| | 110cm | 200~220 | 바지길이×2 |
| | 150cm | 100~110 | 바지길이 |
| 원피스 드레스 | 90cm | 220~250 | 드레스길이×2)+소매 길이 |
| | 110cm | 180~200 | 드레스길이×2 |
| | 150cm | 110~170 | 드레스길이+소매 길이 |
| 재킷 | 90cm | 190~220 | 재킷길이×2+소매 길이+칼라폭 |
| | 110cm | 140~170 | 재킷길이×2+칼라폭 |
| | 150cm | 110~140 | 재킷길이+소매 길이+칼라폭 |
| 투피스 | 90cm | 320~350 | 재킷길이×2+스커트길이×2+소매 길이 |
| | 110cm | 270~290 | 재킷길이×2+스커트 길이+소매 길이 |
| | 150cm | 200~220 | 재킷길이+스커트 길이+소매 길이 |
| 코트(스트레이트) | 90cm | 330~360 | 코트길이×2+소매 길이 |
| | 110cm | 280~300 | 코트길이×2 |
| | 150cm | 220~250 | 코트길이+소매 길이 |

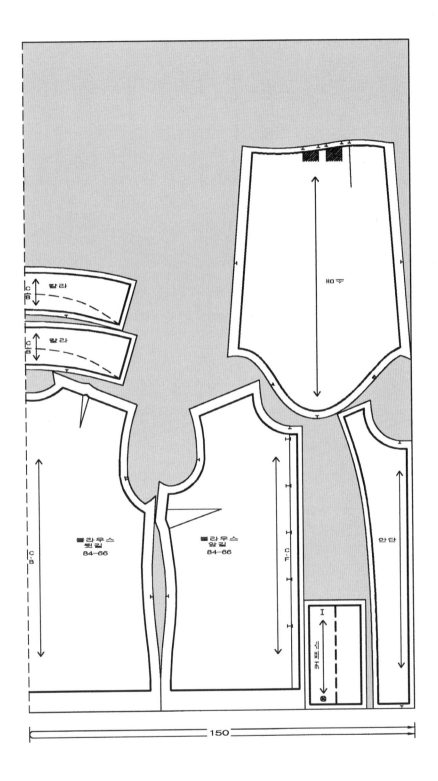

칼라

칼라

C
B

C
B

블라우스
뒷길
84-66

블라우스
앞길
84-66

C
B

C
F

커프스

소매

안단

150

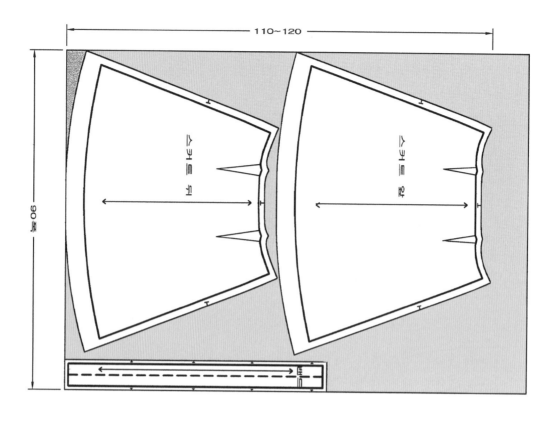

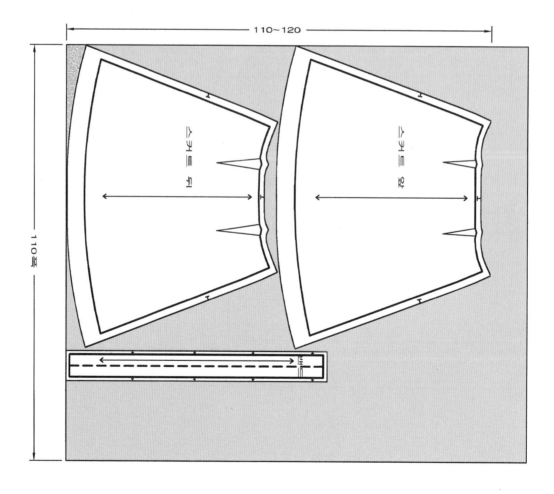

246

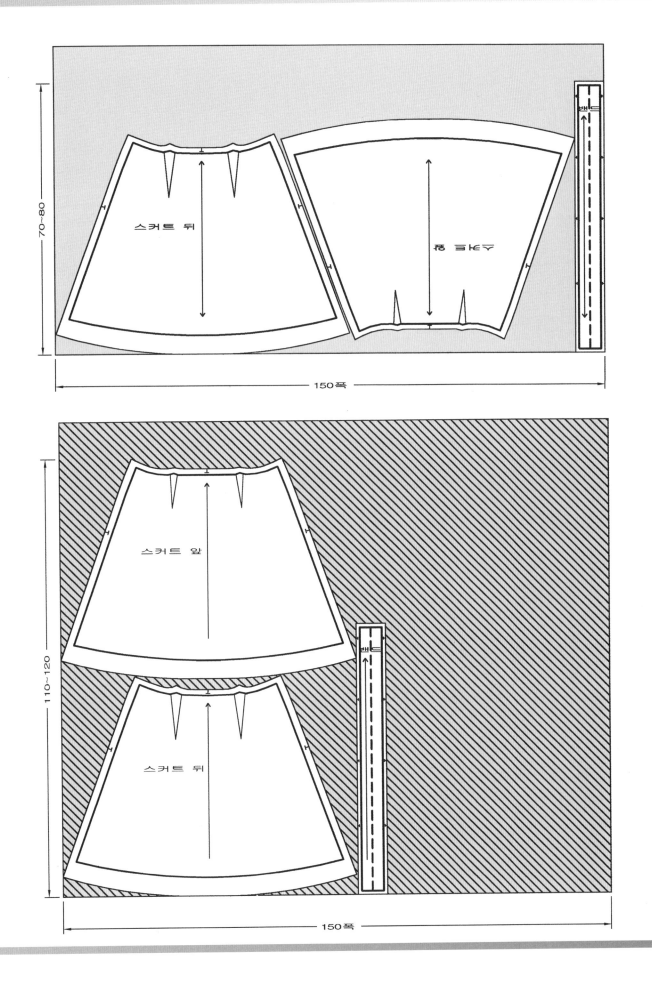

스커트 뒤

스커트 앞

스커트 뒤

70~80

150폭

110~120

150폭

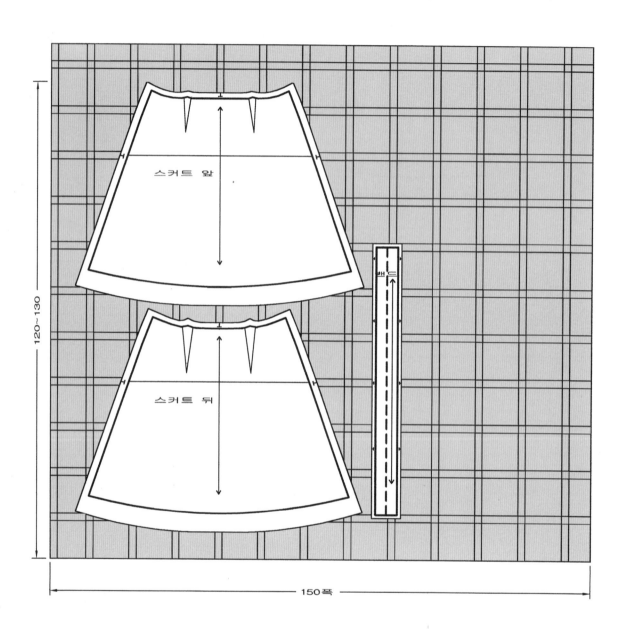

## 참고문헌

김경순(1999), 『패턴메이킹』, 교학연구사

도재은(1994), 『패턴 디자인 및 제작법』, 신광출판사

안희경(1999), 『인체 해부학』, 고문사

임원자(1997), 『개정판 의복구성학』, 교문사

천종숙(1998), 『패턴설계의 기초』, 수학사

한국 표준과학 연구원(1997), 「산업제품의 표준치 설정을 위한 국민표준체위조사 보고서」, 국립기술 품질원.

Faiola L.(1977), *Clothes Making*, Prentice Hall, Inc., NJ.

Kopp E. et al.(1992), *Designing Apparel through the Flat Pattern*, Capital Cities Media, NY.

Jaffe H. and Relis N.(1993), *Draping for Fashion Design*, Prentice Hall, Inc., NJ.

Bray N.(1991), *Dress Pattern Designing*, Blackwell Science Ltd., London.

Bray N.(1986), *More Dress Pattern Designing*, Blackwell Science Ltd., London.

Gerry C.(1994), *Pattern Cutting for Women's Outwear*, Blackwell Science Ltd., London.

Armstrong H. J.(1995), *Pattern Making for Fashion Design*, Haper Collins College Publisher. NY.

三吉滿智子 著, 박혜숙, 최경미, 조영아, 옹혜정 역(1998), 『피복구성학-이론편』, 교학연구사

中澤 愈 著, 나미향, 김정숙 역(1999), 『의복과 체형』, 예학사

服裝造形論(1979), 小池千枝文化出版局, 東京.

被服體型學(昭和51년), 柳澤澄子, 光生館, 東京.

# 찾아보기

## 저자소개

[ 전은경 ]

연세대학교 가정대학 의생활학과
연세대학교 대학원(가정학 석사, 이학 박사)
현재 울산대학교 생활과학부 조교수
ekjeon@uou.ulsan.ac.kr

[ 권숙희 ]

연세대학교 가정대학 의생활학과
연세대학교 대학원(가정학 석사, 이학 박사)
현재 제주대학교 의류학과 조교수
sookhee@cheju.cheju.ac.kr

# 패턴 제작의 원리

2000년 10월 28일 초판 발행 | 2020년 3월 27일 6쇄 발행

지은이 전은경·권숙희 | 펴낸이 류원식 | 펴낸곳 교문사

주소 (10881) 경기도 파주시 문발로 116
전화 031-955-6111(代) | 팩스 031-955-0955
등록 1960. 10. 28. 제406-2006-000035호

홈페이지 www.gyomoon.com | E-mail genie@gyomoon.com
ISBN 978-89-363-0543-3 (93590) | 값 16,000원